高等学校信息工程类"十二五"规划教材

3G 移动通信理论及应用

樊　凯　刘乃安　李　晖　编著

西安电子科技大学出版社

内容简介

  3G(3rd-generation)移动通信技术，是指将无线通信与国际互联网等多媒体通信结合的支持高速数据传输的蜂窝移动通信技术。目前 3G 技术存在三种标准：CDMA2000、WCDMA 和 TD-SCDMA，这三种标准均已被广泛使用。对 3G 移动通信理论及应用的学习与研究将对推动我国 3G 人才的培养及发展具有非常重要的意义。

  本书主要介绍 3G 移动通信理论及应用。全书分为 12 章，分别为移动通信概述、CDMA 系统基本技术、3G 移动通信系统、CDMA2000 基本原理、WCDMA 基本原理、TD-SCDMA 基本原理、CDMA2000 关键技术、WCDMA 关键技术、TD-SCDMA 关键技术、TD-SCDMA 接口协议与信令流程、TD-SCDMA RNC 系统结构和 TD-SCDMA Node B 系统结构等。本书的特色在于原理讲解透彻，内容循序渐进。

  本书是作者教学和研究成果的结晶，重点阐述了 3G 的三种技术标准的原理及关键技术，可作为高等院校或培训机构 3G 移动通信理论及应用教学与研究的教材，也可作为通信工程领域相关人员学习 3G 移动通信系统的参考书。

图书在版编目(CIP)数据

3G 移动通信理论及应用/樊凯，刘乃安，李晖编著. —西安：西安电子科技大学出版社，2014.12
高等学校信息工程类"十二五"规划教材
ISBN 978 - 7 - 5606 - 3482 - 1

Ⅰ. ① 3… Ⅱ. ① 樊… ② 刘… ③ 李… Ⅲ. ① 码分多址移动通信—通信技术—高等学校—教材
Ⅳ. ① TN929.533

中国版本图书馆 CIP 数据核字(2014)第 280410 号

策划编辑 邵汉平
责任编辑 邵汉平
出版发行 西安电子科技大学出版社(西安市太白南路 2 号)
电 话 (029)88242885 88201467 邮 编 710071
网 址 www.xduph.com   电子邮箱 xdupfxb001@163.com
经 销 新华书店
印刷单位 陕西天意印务有限责任公司
版 次 2014 年 12 月第 1 版 2014 年 12 月第 1 次印刷
开 本 787 毫米×1092 毫米 1/16 印张 11.5
字 数 268 千字
印 数 1～3000 册
定 价 26.00 元
ISBN 978 - 7 - 5606 - 3482 - 1/TN
XDUP 3774001 - 1

前　言

第一代移动通信系统采用频分多址（FDMA）的模拟调制方式，这种系统的主要缺点是频谱利用率低，信令干扰话音业务。第二代移动通信系统主要采用时分多址（TDMA）的数字调制方式，提高了系统容量，并采用独立信道传送信令，使系统性能大大改善，但TDMA的系统容量仍然有限，越区切换性能仍不完善。CDMA（Code Division Multiple Access，码分多址）作为第三代移动通信系统的技术基础，具有频率规划简单、系统容量大、频率复用系数高、抗多径能力强、通信质量好、软容量、软切换等特点，显示出巨大的发展潜力。

2000年5月，国际电信联盟（ITU）将WCDMA、CDMA 2000、TD-SCDMA三大主流无线接口标准，写入3G技术指导性文件《2000年国际移动通信计划》（简称IMT-2000）。

CDMA2000是由窄带CDMA（CDMA IS-95）技术发展而来的宽带CDMA技术，也称为CDMA Multi-Carrier，由美国高通北美公司为主导提出。系统从窄频CDMAOne数字标准衍生出来，从原有的CDMAOne结构直接升级到3G。中国电信采用这一方案向3G过渡，并已建成了CDMA IS-95网络。

WCDMA全称为Wideband CDMA，也称为CDMA Direct Spread，意为宽频分码多重存取。这是基于GSM网发展出来的3G技术规范，是欧洲提出的宽带CDMA技术。该标准提出了GSM（2G）-GPRS-EDGE-WCDMA（3G）的演进策略。这套系统能够架设在现有的GSM网络上，对于系统提供商而言可以较轻易地过渡。

TD-SCDMA全称为Time Division-Synchronous CDMA（时分同步CDMA），该标准是由中国制定的3G标准。该标准将智能天线、同步CDMA和软件无线电等当今国际领先技术融于其中，在频谱利用率、业务支持灵活性、频率灵活性及成本等方面具有优势。该标准提出不经过2.5代的中间环节，直接向3G过渡，适用于GSM系统向3G升级。

本书共分为12章，讲述3G三种技术标准（CDMA2000、WCDMA和TD-SCDMA）的原理及关键技术，并以TD-SCDMA技术为例介绍系统架构接口协议、信令流程、RNC系统结构和Node B系统结构。

第1章"移动通信概述"介绍了移动通信发展情况、2G向3G演进、蜂窝移动通信的基本概念和无线传播环境。

第2章"CDMA系统基本技术"从CDMA系统的编码技术开始介绍，其中包括编码技术、交织技术、扩频技术，最后介绍CDMA系统的调制技术。

第3章"3G移动通信系统"讲述了3G移动通信系统的三种技术标准，即CDMA 2000

移动通信系统、WCDMA 移动通信系统和 TD-SCDMA 移动通信系统。

第 4 章"CDMA 2000 基本原理"从体系结构开始介绍 CDMA 2000 系统的基本原理，其中包括体系结构、传输信道和物理信道、信道编码与复用，最后介绍 CDMA 2000 系统的扩频调制技术。

第 5 章"WCDMA 基本原理"从 WCDMA 系统的物理层结构开始介绍其基本原理，包括物理层结构、传输信道和物理信道、信道编码与复用。

第 6 章"TD-SCDMA 基本原理"从物理层结构、传输信道和物理信道、信道编码与复用、扩频与调制、物理层处理过程等介绍 TD-SCDMA 的基本原理。

第 7 章"CDMA 2000 关键技术"讲述了 CDMA 2000 移动通信系统中所使用的关键技术，主要包括信道估计与多径分集接收技术、高效的信道编译码技术、功率控制技术和宏分集与软切换技术。

第 8 章"WCDMA 关键技术"讲述了 WCDMA 移动通信系统中所使用的关键技术，主要包括功率控制技术、智能天线技术、分集和 RAKE 接收技术、多用户检测技术、切换技术、无线信道编码技术、高速下行分组接入技术和软件无线电技术。

第 9 章"TD-SCDMA 关键技术"讲述了 TD-SCDMA 移动通信系统中所使用的关键技术，主要包括 TDD 技术、联合检测技术、动态信道分配技术、接力切换技术和功率控制技术。

第 10 章"TD-SCDMA 接口协议与信令流程"讲述了 TD-SCDMA 移动通信系统接口协议中的 UTRAN 基本结构、UTRAN 接口协议模型、Iu 口相关协议、Iub 口相关协议、Uu 口协议结构；另一方面讲述了 TD-SCDMA 移动通信系统信令流程中的小区建立过程、UE 呼叫过程和 CS 域释放流程。

第 11 章"TD-SCDMA RNC 系统结构"讲述了 RNC 硬件系统、RNC 功能机框、RNC 单板和 RNC 数据流程。

第 12 章"TD-SCDMA Node B 系统结构"讲述了 TD-SCDMA Node B 系统结构，其中以 B328 和 R04 为例讲述 BBU＋RRU 的 Node B 系统，以及各自的硬件结构及单板等。

在本书的编写过程中，得到了中兴通讯股份有限公司中兴 NC 教育学院、西安电子科技大学通信与信息工程实验教学中心、西安电子科技大学通信工程学院和西安电子科技大学教务处的大力支持和帮助，在此表示诚挚的感谢。另外，还要感谢西安电子科技大学孙宝华、李慧莹、龚圆圆、田琼、王朗、常晋云为本书所做的辛苦工作，感谢西安电子科技大学出版社为本书出版所做的细致工作。

由于作者水平有限，书中难免有不妥之处，敬请同行专家和读者批评指正。

编　者

2014 年 10 月

目　录

第 1 章　移动通信概述

1.1　移动通信发展

移动通信的主要目的是实现任何时间、任何地点和任何通信对象之间的通信。

移动通信的发展始于 20 世纪 20 年代在军事及某些特殊领域的使用，到 20 世纪 40 年代才逐步向民用扩展，而最近十多年来才是移动通信真正蓬勃发展的时期。移动通信的发展过程大致可分为三个阶段，这三阶段对应的技术也被相应划分为三代，如图 1-1 所示。

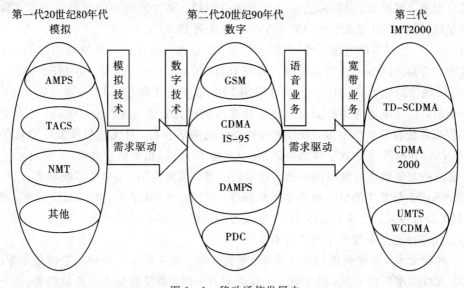

图 1-1　移动通信发展史

1.1.1　第一代——模拟蜂窝移动通信系统

第一代移动通信系统(1G)采用了蜂窝组网技术。1G 系统出现在 20 世纪 80 年代中期，采用模拟调制技术，以 FDMA 技术为基础，主要提供语音业务。

第一代移动电话系统的主要标准有：

(1) AMPS(先进移动电话系统)：使用模拟蜂窝传输的 800 MHz 频带，在美洲和部分环太平洋国家广泛使用。

(2) NMT-450/900(北欧移动电话)：北欧部分国家开通了 NMT 系统。

(3) TACS(全向入网通信系统)：20 世纪 80 年代欧洲的模拟移动通信的制式，也是我国 20 世纪 80 年代采用的模拟移动通信制式，使用 900 MHz 频带。

第一代移动通信系统的弱点主要有：

（1）存在多种移动通信制式，相互之间不能兼容，无法实现全球漫游；

（2）无法与固网迅速向数字化推进相适应，数字承载业务很难开展；

（3）频谱利用率低，无法适应大容量的要求；

（4）安全利用率低，易于被窃听。

这些致命的弱点妨碍了其进一步发展，因此模拟蜂窝移动通信被数字蜂窝移动通信所替代。

1.1.2　第二代——数字蜂窝移动通信系统

为了解决模拟系统中存在的技术缺陷，数字移动通信技术应运而生并发展起来，这就是以 GSM 和 IS-95 为代表的第二代移动通信系统（2G）。从 20 世纪 80 年代中期至 90 年代初期开始，欧洲首先推出了泛欧数字移动通信网（GSM）的体系，随后美国和日本也制定了各自的数字移动通信体制。数字移动通信相对于模拟移动通信，提高了频谱利用率，支持多种业务服务，并与 ISDN 等兼容。2G 除提供语音通信服务外，还可提供低速数据服务和短消息服务，因此 2G 又被称为窄带数字通信系统。第二代数字蜂窝移动通信系统的典型代表是欧洲的 GSM 系统、美国的 DAMPS 系统和 IS-95。

（1）GSM（全球移动通信系统）发源于欧洲，它是作为全球数字蜂窝通信的 DMA 标准而设计的，支持 64 kb/s 的数据速率，可与 ISDN 互连。GSM 使用 900 MHz 频带，使用 1800 MHz 频带的称为 DCS1800。GSM 采用 FDD 双工方式和 TDMA 多址方式，每载频支持 8 个信道，信号带宽为 200 kHz。GSM 标准体制较为完善，技术相对成熟，不足之处是相对于模拟系统容量增加不多，仅仅为模拟系统的两倍左右，且无法与模拟系统兼容。

（2）DAMPS（先进的数字移动电话系统）也称 IS-54（北美数字蜂窝），使用 800 MHz 频带，是两种北美数字蜂窝标准中推出较早的一种，指定使用 TDMA 多址方式。

（3）IS-95 是北美的另一种数字蜂窝标准，使用 800 MHz 或 1900 MHz 频带，指定使用 CDMA 多址方式，已成为美国 PCS（个人通信系统）网的首选技术。

第二代移动通信系统的不足之处有：

（1）频带太窄，不能提供如高速数据、慢速图像、电视图像等各种宽带信息业务；

（2）无线频率资源紧张，抗干扰、抗衰落能力不强，系统容量不能满足需要；

（3）频率利用率低，切换容易掉话；

（4）不同系统彼此间不能兼容，使用的频率也不一样，全球漫游比较困难。

由于第二代移动通信以传输话音和低速数据业务为目的，从 1996 年开始，为了解决中速数据传输问题，又出现了 2.5 代移动通信系统，如 GPRS 和 IS-95 B。这时期移动通信主要提供的服务仍然是语音服务和低速率数据服务。

1.1.3　第三代——IMT-2000

由于网络的发展，数据和多媒体通信的发展势头很快，所以，第三代移动通信的目标就是移动宽带多媒体通信。从发展前景看，由于自身的技术优势，CDMA 技术已经成为第三代移动通信的核心技术。为实现移动宽带多媒体通信，对第三代移动通信技术（3G）的无线传输技术（RTT，Radio Transmission Technology）提出了以下要求：

（1）能高速传输以支持多媒体业务。室内环境下传输速率至少为 2 Mb/s；室内外步行环境下传输速率至少为 384 kb/s；室外车辆运动中传输速率至少为 144 kb/s；卫星移动环境下传输速率至少为 9.6 kb/s。

（2）传输速率能够按需分配。

（3）上、下行链路能适应不对称需求。

第三代移动通信技术的理论研究、技术开发和标准制定工作起始于 20 世纪 80 年代中期，国际电信联盟（ITU）将该系统正式命名为国际移动通信 2000（IMT - 2000，International Mobile Telecommunications in the year 2000），即系统工作在 2000 MHz 频段，最高业务速率可达 2000 kb/s，在 2000 年左右实现商用。欧洲电信标准协会（ETSI）称其为通用移动通信系统（UMTS, Universal Mobile Telecommunication System）。1999 年 11 月 5 日，国际电联 ITU - R TG8/1 第 18 次会议通过了"IMT - 2000 无线接口技术规范"建议，其中我国提出的 TD - SCDMA 技术写在了第三代无线接口规范建议的 IMT - 2000 CDMA TDD 部分中。

IMT - 2000 是一个全球无缝覆盖、全球漫游，包括卫星移动通信、陆地移动通信和无绳电话等蜂窝移动通信的大系统。它可以向公众提供前两代产品所不能提供的各种宽带信息业务，如图像、音乐、网页浏览、视频会议等。

IMT - 2000 系统的主要目标与特性有：

（1）具有全球无缝覆盖和漫游能力。

（2）高服务质量，高速率传输，提供窄带和宽带多媒体业务。

（3）与固定网络各种业务相互兼容。

（4）无缝业务传递。

（5）支持系统平滑升级和现有系统的演进。

（6）适应多种运行环境。

（7）支持多媒体功能及广泛的业务终端等。

1. IMT - 2000 无线传输技术

IMT - 2000 无线传输技术标准如图 1 - 2 所示。

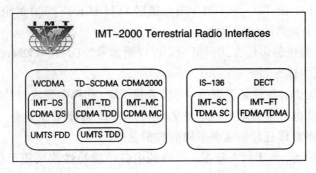

图 1 - 2　IMT - 2000 RTT 标准

1999 年 11 月召开的国际电联芬兰会议确定了第三代移动通信无线接口技术标准，并于 2000 年 5 月举行的 ITU - R 2000 年会上最终批准通过。此标准包括码分多址（CDMA）和时分多址（TDMA）两大类五种技术，它们分别是 WCDMA、CDMA 2000、CDMA TDD、UWC - 136 和 EP - DECT。其中，前三种基于 CDMA 技术的标准是目前所公认的主流技术，它又分成频分双工（FDD）和时分双工（TDD）两种方式。CDMA TDD 包括欧洲的

UTRA TDD 和我国提出的 TD - SCDMA 技术。

（1）CDMA 2000：由北美最早提出，其核心网采用演进的 IS - 95 CDMA 核心网（ANSI - 41），能与现有的 IS - 95 CDMA 向后兼容。CDMA 技术得到 IS - 95 CDMA 运营商的支持，主要分布在北美和亚太地区。

CDMA 2000 采用 MC - CDMA（多载波 CDMA）方式，基本带宽为 1.25 MHz，码片速率是 1.2288 Mc/s，可支持语音、分组和数据等业务，并可实现 QoS 的协商。其无线单载波 CDMA 2000 1x 采用与 IS - 95 相同的带宽，容量提高了一倍，第一阶段支持 144 kb/s 业务速率，第二阶段支持 614 kb/s。3GPP2 已完成这部分的标准化工作。目前增强型单载波 CDMA 2000 1x EV 在技术发展中较受重视，极具商用潜力。

（2）WCDMA：最早由欧洲和日本提出，其核心网是基于演进的 GSM/GPRS 网络技术，空中接口采用 DS - CDMA（直接序列扩频的宽带 CDMA）。由于其与 GSM 系统反向兼容，便于由 GSM 平滑过渡到第三代，故受到很多 GSM 供应商的支持。

WCDMA 载波带宽为 5 MHz，码片速率为 3.84 Mc/s，不同基站可选择同步和不同步两种方式，可以不采用 GPS 精确定时，摆脱了美国 GPS 的控制。

3GPP WCDMA 技术的标准化工作十分规范。目前全球 3GPP R99 标准的商用化程度最高，全球绝大多数 3G 试验系统和设备研发都基于该技术标准规范。今后 3GPP R99 的发展方向将是基于全 IP 方式的网络架构，并将演进为 R4、R5 两个阶段的序列标准。2001年 3 月的第一个 R4 版本初步确定了未来发展的框架，部分功能进一步增强，并启动部分全 IP 演进内容。R5 为全 IP 方式的第一个版本，其核心网的传输、控制和业务分离、IP（Internet Protocol Address）化将从核心网（CN）逐步延伸到无线接入部分（RAN）和终端（UE）。

（3）TD - SCDMA：在 IMT - 2000 中，空中接口技术规范分别是 UTRA - TDD（通用地面无线接入时分双工）和时分同步码分多址（TD - SCDMA）。两种标准的设计出发点不同，UTRA - TDD 系统是为 WCDMA 设计的 TDD 补充模式，用于解决室内办公环境和"热点"地区的通信需求。因此，在设计中为了尽可能与 WCDMA 保持一致，UTRA - TDD 牺牲了部分技术特性；而 TD - SCDMA 则是根据 ITU 对 IMT2000 的全部要求设计的，它本身就可以组成一个完整的蜂窝网络。

TD - SCDMA 系统的多址方式很灵活，可以看做是 FDMA/TDMA/CDMA 的有机结合。TDD 传输模式的优点如下：

① TDD 模式能使用各种频率资源，不需要像 FDD 那样需要成对的频率。

② 3G 中数据业务占主要地位，尤其是不对称的 IP 分组数据业务。TDD 方式特别适用于传输上、下行不对称且传输速率不同的数据业务。

③ TDD 上、下行工作于同一频率，对称的电波传播特性使之便于利用智能天线等新技术，从而达到提高性能、降低成本的目的。

④ TDD 系统设备成本低，便于频谱分配。

虽然 TDD 具有上述优点，但是也存在一些不足，主要体现在终端的移动速率和覆盖距离上。尽管如此，移动通信以 FDD 为主流的传统观点已受到挑战，TDD 系统在 3G 中的位置被广泛接受。

2. 中国 3G 频谱分配

中国 3G 频谱分配如图 1－3 所示。

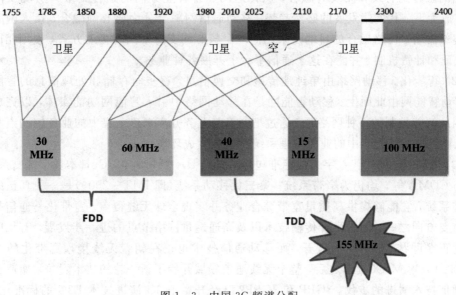

图 1－3　中国 3G 频谱分配

2002 年 10 月，国家信息产业部下发的文件中规定了主要工作频段(FDD 方式：1920 MHz～1980 MHz/2110 MHz～2170 MHz；TDD 方式：1880 MHz～1920 MHz、2010 MHz～2025 MHz)和补充工作频段(FDD 方式：1755 MHz～1785 MHz/1850 MHz～1880 MHz；TDD 方式：2300 MHz～2400 MHz，与无线电定位业务共用)。从图 1－3 中可以看到，TD－SCDMA标准得到了 155 MHz 的频段，而 FDD(包括 WCDMA FDD 和 CDMA 2000)共得到了 2×90 MHz 的频段。

1.1.4　4G 与移动通信的发展趋势

1. 4G 简介

第四代移动通信(4G)可称为宽带(Broadband)接入和分布网络，是多功能集成的宽带移动通信系统，其关键技术是正交频分复用(OFDM)、智能天线、多入多出天线(MIMO)、软件无线电等。4G 在业务上、功能上、频带上都与第三代系统不同，将在不同的固定平台和无线平台及跨越不同频带的网络中提供无线服务，比第三代移动通信更接近于个人通信。

4G 的技术特点主要有：

(1) 通信速度更快，网络频谱更宽，通信更加灵活。数据速率从 2 Mb/s 提高到20 Mb/s，甚至可以达到 100 Mb/s，移动速率从步行到车速；每个 4G 信道将占用 100 MHz 的频谱，相当于 WCDMA 的 20 倍；未来的 4G 终端将可以和小型电脑媲美，使我们不仅可以随时随地通信，而且可以双向下载/上传资料、图画、影像。

(2) 智能性更高，兼容性能更平滑，提供多种增值服务。

(3) 实现更高质量的多媒体通信，频率使用效率更高，通信费用更加低廉。

2. 移动通信的发展趋势

（1）网络融合。随着技术条件的成熟，网络的融合正成为电信发展的大趋势。从话音和数据的融合到有线和无线的融合，从传送网和各种业务网的融合到最终实现三网的融合，将成为下一代网络发展的必然趋势。移动通信网融合分为核心网融合、接入网融合和移动终端融合。网络融合的目的是采用同一个核心网支持不同的接入方式，使用相同的鉴权、认证和计费机制，并能在这个通信平台上开展各种业务。

（2）智能化。移动网络由单纯地传递和交换信息，逐步向存储和处理信息的智能化发展，移动智能网由此而生。移动智能网是在移动网络中引入智能网功能实体，以完成对移动呼叫的智能控制的一种网络，它通过把交换与业务分离来建立集中的业务控制点和数据库，从而进一步建立集中的业务管理系统和业务生成环境。

（3）宽带化。第二代数字无线标准包括 GSM、D - AMPS、PDC（日本数字蜂窝系统）和 IS - 95 CDMA 等，均仍为窄带系统。第三代移动系统（即 IMT - 2000）是一种真正的宽带多媒体系统，它能够提供高质量宽带综合业务并实现全球无缝覆盖。宽带化是通信技术发展的重要方向之一，随着光纤传输技术以及高通透量网络节点的进一步发展，有线网络的宽带化正在世界范围内全面展开，而移动通信技术也正在朝着无线接入宽带化的方向演进。802.16/WiMAX 提出之后，整个无线通信领域开始了新一轮的技术竞争，加速了蜂窝移动通信技术演进的步伐。3GPP 和 3GPP2 已经开始了 3G 演进技术 E3G 的标准化工作。WiMAX 的提出和推进以及 E3G 标准化的启动和加速，使得无线移动通信领域呈现明显的宽带化和移动化发展趋势，即宽带无线接入向着增加移动性方向发展，而移动通信则向着宽带化方向发展。

（4）承载 IP 化。过去的十年，IP 应用取得了爆炸式增长，它充斥着网络的每一个角落并悄然改变着我们的生活。不远的将来，我们可以为家里的灯具、空调、冰箱、电视、手机、汽车分配一个 IP 地址，通过有线、无线方式访问和控制，从而真正进入崭新的数字化家庭、数字化生活。

参考 3GPP 对 WCDMA 系统所作的标准化工作可以看出移动网络的 IP 化发展趋势：移动通信网络无论是在接入网、核心网，还是信令网、接口、传输、控制都在向 IP 化发展和演进，最终实现全 IP 移动网络，达到降低成本、提高网络和业务的灵活性以及可扩展性的目标。

1.2　2G 向 3G 的演进

IMT - 2000 标准化的研究工作由 ITU 负责和领导，3G 组织如图 1 - 4 所示。

由于 ITU 要求第三代移动通信的实现应易于从第二代系统逐步演进，而第二代系统又存在 GSM 和 CDMA 两大互不兼容的通信体制，所以 IMT - 2000 的标准化研究实际上出现了两种不同的主流演进趋势：一种是以由欧洲 ETSI、日本 ARIB/TTC、美国 TI、韩国 TTA 和中国 CWTS 为核心发起成立的 3GPP 组织，专门研究如何从 GSM 系统向 IMT - 2000 演进；另一种是以美国 TIA、日本 ARIB/TTC、韩国 TTA 和中国 CWTS 为首成立的 3GPP2 组织，专门研究如何从 CDMA 系统向 IMT - 2000 演进。自从 3GPP 和 3GPP2 成立之后，IMT - 2000 的标准化研究工作就主要由这两个组织承担，而 ITU 则负责标准的制定和正式发布方面的管理工作。

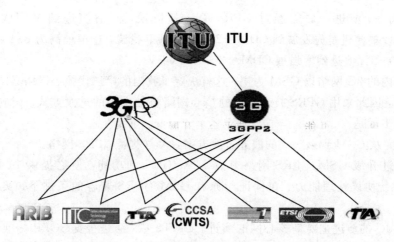

图 1-4 3G 组织

由于 3G 在无线接入网络上发生了质的变化，因此在考虑演进方案时，针对已拥有 2G 和没有 2G 网络，但获 3G 牌照的运营商，分别会出现两类演进情况。

对于新的网络运营商来说，由于没有 2G 网络的负担，可以尽量采用较新的技术，建设全新的网络。这样可以越过 GSM 网络，直接增加 3G 的网络节点来构建 3G 的核心网络，提供 3G 业务，从而满足运营商的需求。对于这种情况，3G 演进方案采用直接建设 3G 的核心网 CN 和接入网 UTRAN 的方式。

然而在大多数情况下，采用的是从第二代移动通信网络为基础发展第三代移动通信的演进策略，即尽量与 2G 系统兼容，实现 2G 到 3G 的平滑过渡，以解决 3G 建设初期的漫游问题和第三代网络建设的庞大投入问题。由于目前存在两大主要制式 GSM 和 IS-95 CDMA，所以从 2G 向 3G 的演进分为从 GSM 向 3G 的演进和从 IS-95 CDMA 向 3G 的演进。

两种制式向 3G 演进的路径如图 1-5 所示。

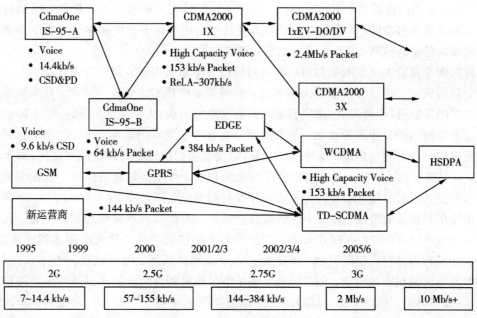

图 1-5 2G 向 3G 的演进路径

　　GSM 向 3G 演进一般需经过 GPRS(2.5G)阶段,然后演进到 WCDMA。IS - 95 CDMA 向 3G 的演进是先发展到 CDMA 2000 - 1X(单载波,速率最高为 384 kb/s),再从 CDMA 2000 - 1X 演进到增强型 CDMA 2000 - 1x EV。

　　目前国内的 2G 网络以 GSM 为主,这就决定了我国的第三代核心网络必须由 GSM 网络演进而来,因此采用 GPRS 技术构成的核心网络将是主要的过渡方式。国内 GSM 向第三代演进的步骤是:

　　(1) 研究从 GSM 到第三代的演进过渡方案,大力发展 GPRS 网络。

　　(2) 通过升级 GSM/GPRS 网络节点 MSC/GSN 的功能,使之提供 Iu 接口并增加 WCDMA 系统协议处理能力。在保证与原有 GSM/GPRS 兼容的条件下,实现 UTRAN 接入。

　　(3) 向 3G 的演进主要是核心网的演进。UMTS CN 演进根据 3GPP 标准分为两个阶段:第一阶段 3GPP R99 的网络结构主要是基于演进的 GPRS 网络;第二阶段 3GPP 演进目标是基于全 IP 网络,目前 ITU 按照 R4、R5 版本进行研究。

　　通过 TD - SCDMA 制式来建设 3G 移动通信网络,可采取以下两个步骤:

　　第一步:GSM 网络与 3G 网络并存时期。建设 UMSC(3G 核心网),并且将新建的 TD - SCDMA 基站子系统通过 Iu 接口连接到 UMSC,提供第三代业务。

　　第二步:建设基于全 IP 概念的第三代移动通信核心网,从 RNC 或 Node B 直接接入 IP 网络。在扩建 TD - SCDMA 基站的同时对第一阶段建设的 TD - SCDMA 基站进行软件升级,接入全 IP 核心网,平滑过渡到完全的第三代 TD - SCDMA 系统。

1.3　蜂窝移动通信的基本概念

　　蜂窝移动通信是采用蜂窝无线组网方式,在终端和网络设备之间通过无线通道连接起来,进而实现用户在活动中可相互通信。其主要特征是终端的移动性,并具有越区切换和跨本地网自动漫游功能。蜂窝移动通信业务是指经过由基站子系统和移动交换子系统等设备组成蜂窝移动通信网提供的话音、数据、视频图像等业务。

　　蜂窝概念是解决频率不足和用户容量问题的一个重大突破,是一种系统级的概念。它能在有限的频谱上提供许多非常大的容量,而不需要做技术上的重大修改。其思想是用许多小功率的发射机(小覆盖区)来代替单个的大功率发射机(大覆盖区),每一个小覆盖区只提供服务范围内的一小部分覆盖。每个基站分配整个系统可用信道中的一部分,相邻基站则分配另外一些不同的信道,这样基站之间(以及在它们控制下的移动用户之间)的干扰就最小。只要基站间的同频干扰在可以接受的范围以内,可用信道就可以尽可能的复用。随着移动通信的迅猛发展,未来无线通信将开发利用新的更高频段(如 5 GHz 左右),在该频段下由于信号损耗的增加,蜂窝小区的面积会减小,因此会出现频繁切换的问题。人们提出了一些改进措施,例如分布式天线,以若干个工作在同一频段的天线覆盖整个建筑物,解决在建筑物内进行通信的问题,可认为是一个单小区系统,用户仅在一个小区内移动,很少涉及小区间切换的问题。随后,为了满足小区规模的进一步减小以及对多天线信号处理技术(如空时码、联合发送等)深入研究的需要,人们又提出了群小区构架和群小区切换(群切换)策略。群小区即在地理位置上相邻的多个小区,这些小区采用同一套资源(如频率、码道、时隙等)同时对同一用户进行通信,采用不同的资源与其他用户通信。

随蜂窝移动通信出现的相关技术如频率复用、小区分裂、越区切换等,成为人们研究蜂窝移动通信系统的热点问题。

1. 频率复用

通常,相邻小区不允许使用相同的频段,否则会发生相互干扰(称为同道干扰)。但由于各小区在通信时所使用的功率较小,因而任意两个小区之间空间距离大于某一数值时,即使使用相同的频段,也不会产生显著的同道干扰(保证信干比高于某一门限)。为此,把若干相邻的小区按照一定的数目划分称区群(Cluster),并把可供使用的无线频段相应分成若干个频率组,区群内各小区使用不同的频率组,而任一小区所使用的频率组,在其他区群相应的小区中可以再用,这就是频率复用。频率复用是蜂窝移动通信网络解决用户增多而频谱有限的重大突破。

以 1970 年纽约市开通的大区制贝尔移动通信系统为例,该系统提供 12 对信道,若采用频率复用,将整个纽约市划分为 100 个小区,则整个城市将有 1200 对信道可供同时通话。

2. 小区分裂

一般来说,小区越小(频率组不变),单位面积可容纳的用户越多,则系统的频率利用率越高。由此可以设想,当用户数增加并达到每个小区所能提供服务的最大数量时,如果把小区分割成更小的蜂窝状区域,并使用相同的频率复用模式,那么分裂后的新小区能支持和原小区同样数量的用户,也就提高了系统各单位面积可服务的用户数。而且一旦新的小区所能支持的用户数量又达到饱和,还可将这些小区进一步分裂,以适应增长的业务需求,这种过程称为小区分裂,是蜂窝移动系统在运行过程中为适应用户数持续增长而逐步提高其容量的独特方式。

小区分裂后,基站数量随之增加,系统成本增加,但由于该成本是因付费用户数量的增加而增长的,从经济上说,这样的代价是值得的,可保证对系统的持续投资。当然,小区分裂也是有限度的,只有在通信业务高度密集的大城市才需将小区逐步分裂;而在业务密度较低的郊区,小区的直径可以较大。

一般来说,小区直径越小,数量越多,系统容量越大。目前,在用户密集的大城市地区,系统多采用微蜂窝,其直径仅达数百米至 1 km 左右,容量大,但结构也更为复杂。

3. 越区切换

越区切换(handover)是蜂窝移动通信系统的另一关键技术。将服务区域划分成小区所带来的一个很自然的问题是并非所有的移动中通话都能在单个小区内完成。例如,一辆快速行驶的汽车在一次通话中可能通过若干个小区。移动台在小区范围内以所分配频率与基站建立无线链路,通过基站连接到移动交换中心,然后再连接到有线电话用户或其他小区的移动用户。当移动台从一个小区进入相邻小区时,由于工作频率和接续服务改变,需要在通话过程中将移动台的工作频率和接续控制自其离开的小区交换给正在进入的小区,这个过程就成为越区切换。

越区切换是在系统控制下完成的。当需要进行越区切换时,系统就发出相应指令,正在越过边界的移动台就将工作频率和无线链路从有关小区切换到另一个小区。整个过程是自动完成的，用户并不知道，也不影响通话进行。越区切换必须准确可靠，且不影响通信中的话音质量，它是蜂窝移动通信系统中的关键技术，是移动通信系统利用多小区实现大面积覆盖的必要条件。

1.4　无线传播环境

一切无线信道都是基于电磁波在空间传播来实现信息传播的。基站天线、移动用户天线和两副天线之间的传播路径，我们称之为无线移动信道。从某种意义上来说，对移动无线电传播环境的研究就是对无线移动信道的研究。其中传播路径可分为直射传播（LOS，Line-of-sight）和非直射传播（nonLOS）。一般情况下，在基站和移动台之间不存在直射信号，此时接收到的信号是发射信号经过若干次反射、绕射或散射后的叠加。而在某些空旷地区或基站天线较高时，可能存在直射传播路径。

在复杂的环境中，接收到的信号可能是直射波、地面反射波和散射波的合成信号，接收到的合成场强为各部分的矢量合成波，从而产生多径效应。即使收发之间存在 LOS 环境，由于地面及周围建筑物的反射影响，多径仍然存在。由于多径传播是同一信号源经过不同的路径进行传播，因此存在微小的时延差到达接收点。在接收点由于矢量的叠加，会引起信号的幅度的变化。其变化的程度取决于多径信号的幅度、时延以及传播信号的带宽。信道的时变性引起信号频率的展宽，导致多普勒效应。信道的多径传播会引起信号在时间上展宽并导致频率选择性衰落的发生。

无线通信信道是影响蜂窝无线通信系统性能的一个重要因素。发射机与接收机之间的传播路径非常复杂，简单的有视距传播，由遇到各种复杂的地形障碍物，如建筑物、山脉、树叶或其他移动的物体而引起的反射、折射和绕射传播。由于以上因素具有极度的随机性，因此无线信道并不像有线信道那样固定并可遇见，比较难以分析。

在蜂窝移动通信系统中，电磁波传播的机理是多种多样的，但总体上可以归结为反射、绕射和散射。大多数蜂窝无线移动通信系统运作在城区，发射机和接收机之间就无直射路径，而高层建筑产生了强烈的绕射损耗。此外，由于不同物体的多路径反射，经过不同长度路径的电磁波相互作用引起多径损耗，同时随着发射机和接收机之间距离的不断增加，将引起电磁波强度的衰减。

1.4.1　多径传播

陆地移动信道的主要特征是多径传播。传播过程中会遇到很多建筑物、树木和起伏的地形，会引起能量的吸收和穿透以及点播的反射、散射及绕射等。因此，移动信道是充满了反射的传播环境。

在移动传播环境中，移动台天线接收的信号不是来自单一路径，而是来自许多路径的众多反射波的合成，这种现象称做多径效应。由于电波通过各个路径的距离不同，各条路径来的反射波到达时间不同，相位也不同，因而在接收端不同相位的多个信号的叠加，使得接收信号的幅度急剧变化而产生多径衰落。图 1-6 为产生多径传播的环境。

在高楼林立的市区，由于移动天线的高度比周围建筑物矮很多，因而不存在从移动台

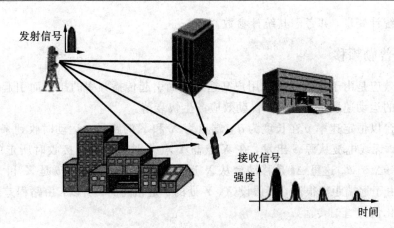

图 1-6　多径传播环境

到基站的视距传播，这就导致了衰落的产生。即使有这样一条视距传播路径存在，由于地面与周围建筑物的反射，多径传输仍会发生。入射电波以不同的传输方向到达，具有不同的传播时延。空间任一点的移动台所收到的信号都由许多平面波组成，它们具有随机分布的幅度、相位和入射角度。这些多径成分被接收机天线按向量合并，从而使接收信号产生衰落失真。即使移动接收机处于静止状态，接收信号也会因无线信道所处环境中的物体的运动而产生衰落。

如果无线信道中的物体处于静止状态，并且运动只由移动台产生，则衰落只与空间路径有关。此时，当移动台穿过多径区域时，它将信号中的空间变化看做瞬时变化。在空间不同点的多径波的影响下，高速运动的接收机可以在很短时间内经过若干次衰落。更为严重的情况是，接收机可能停留在某个特定的衰落很大的位置上。在这种情况下，尽管可能由行人或车辆改变了场模型，从而打破接收信号长时间维持失效的情况，但要维持良好的通信状态仍非常困难。天线空间分集可以防止极度衰落以至于无效的情况。

由于移动台与基站的相对运动，每个多径波都经历了明显的频移过程。移动引起的接收机信号频移被称为多普勒频移，它与移动台的运动速度、运动方向以及接收机多径波的入射角有关。

1.4.2　时延扩展

在多径传播环境下，传播路径的差异将导致多径信号以不同的时间到达接收端。如果发射端发送的只是一个单脉冲信号，那么接受端收到的将是多个具有不同时延的脉冲的叠加。显而易见，从时间域来看，接收信号出现了所谓的时延扩展。

时延扩展对数字信号的传输有重要影响。一方面，对扩频系统来说，如果两条多径信号之间的相对时延超过扩频信号带宽的倒数，即超过一个扩频码的脉宽，那么就称这两条多径信号是可分离的。扩频系统可以利用分集接收技术（如 RAKE 接收机）合并可分离的多径信号，从而改善接收信号的质量。另一方面，如果多径传播产生的时延扩展大于码元宽度，将使前一码元波形扩展到相邻码元周期内，就会产生码间串扰（ISI, Inter Symbol Interference），导致接收波形的失真。显然，时延扩展与信道的电波传播环境密切相关，不同时间、地域和用户情况的信道，其时延扩展量有着显著的差异。因此，我们有必要把时延扩展视为统计变量，并考虑其统计参数。

1.4.3　多普勒频移

多普勒效应是由于接收的移动用户高速运动而引起传播频率的扩散而引起的，其扩散程度与用户的运动速度成正比。多普勒效应产生快衰落。

当移动台以恒定速率 v 在长度为 d，端点为 X 和 Y 的路径上运动时收到来自远端源 S 发出的信号。无线电波从源 S 出发，在 X 点与 Y 点分别被移动台接收时所走的路径差为 $\Delta l = d\cos\theta = v\Delta t\cos\theta$。这里 Δt 是移动台从 X 运动到 Y 所需的时间，θ 是 X 和 Y 处与入射波的夹角。由于远端距离很远，可假设 X、Y 处的 θ 是相同的。所以，由路程差造成的接收信号相位变化值为

$$\Delta\varphi = \frac{2\pi\Delta l}{\lambda} = \frac{2\pi v\Delta t}{\lambda}\cos\theta$$

由此可得出频率变化值，即多普勒频移 $f_{\rm d}$ 为

$$f_{\rm d} = \frac{1}{2\pi}\frac{\Delta\varphi}{\Delta t} = \frac{v}{\lambda}\cos\theta$$

由上式可看出，多普勒频移与移动台运动速度、移动台运动方向和无线电波入射方向之间的夹角有关。若移动台朝向入射波方向运动，则多普勒频移为正（即接收频率上升）；若移动台背向入射波方向运动，则多普勒频移为负（即接收频率下降）。信号经不同方向传播，其多径分量造成接收机信号的多普勒扩散，因而增加了信号带宽。

第 2 章　CDMA 系统基本技术

图 2-1 中所示为数字移动通信系统的基本组成框图。

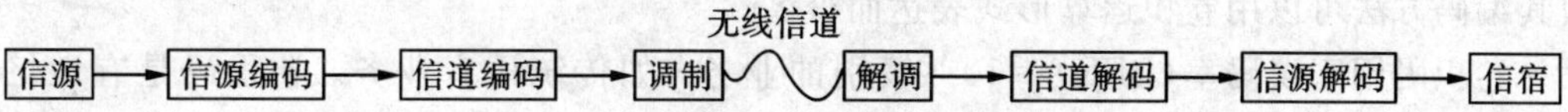

无线信道

信源 → 信源编码 → 信道编码 → 调制 〜 解调 → 信道解码 → 信源解码 → 信宿

图 2-1　数字移动通信系统的基本组成

该图表示信号由信源到信宿经过的各种处理:信源输出信息经由信源编码、信道编码以及调制后发出,经由无线信道被接收端接受,再经过解调及信道解码、信源解码还原为原始信息。

信源输出的可以是模拟信号,如音频或视频信号;也可以是数字信号。在数字通信系统中,将模拟或数字信源的输出有效地变换成二进制数字序列的处理过程称为信源编码或数据压缩。由信源编码输出的二进制数字序列称为信息序列,它被传送到信道编码器。信道编码的目的是在二进制信息序列中以受控的方式引入一些冗余码,以便在接收机中克服信号在信道中传输时所受到的噪声和干扰的影响,提高接收数据的可靠性,减少接收信号失真。信道编码器输出的二进制序列送至数字调制器,它是通信信道的接口。调制的目的是为了使传送信息的基带信号搬移至相应频段的信道上进行传输,让传输的数字信号与信道特性相匹配,以便有效进行信息传输。移动通信中的数字调制技术就是如何用模拟的无线电波承载数字信号所用到的技术。

2.1　编　码　技　术

信道编码技术是移动通信中提高系统传输数据可靠性的有效方法,其目的为了使接收机能够检测和纠正由于传输介质带来的信号误差,同时在原数据流中加入冗余信息,提高系统的纠错能力和抗干扰能力,降低误码率。

信道编码的编码对象是信源编码器输出的数字序列(信息序列)。信道编码按一定的规则给数字序列 M 增加一些多余的码元,使不具有规律性的信息序列 M 变换为具有某种规律性的数字序列 Y(码序列)。也就是说,码序列中信息序列的诸码元与多余码元之间是相关的。在接收端,信道译码器利用这种预知的编码规则来译码,或者说检验接收到的数字序列 R 是否符合既定的规则,从而发现 R 中是否有错,进而纠正其中的差错。这种通过添加冗余信息的编码技术虽然降低了误码率,但是在一定程度上牺牲了部分传输带宽。

移动通信系统由于信道的特殊性,为了达到一定的比特误码率(BER)指标,对信道编码要求很高,主要是差错控制编码,也称为纠错编码。差错控制编码的常用方法有循环冗余校验、卷积和 Turbo 码。

1）循环冗余校验

循环冗余校验（CRC）利用循环码不仅可以用于检查和纠正独立的随机错误，而且可以用于检查和纠正突发错误。在硬件方面，循环码很容易用带反馈的移位寄存器实现。循环码正是由于其特有的码的代数结构清晰、性能较好、编译码简单和易于实现等优点，成为数据通信中最常用的一种抗干扰方式。实际应用中 CRC 往往用于检错。

2）卷积码

卷积编码技术能有效地克服随机的单个数据错误。它是 1955 年由 Elias 最早提出的，因其编码方法可以用卷积运算形式表达而得名。

卷积码用于误码率（BER）$=10^{-3}$ 级别的业务，如传统语音业务。卷积码是有记忆编码，它是有记忆系统的。卷积编码中，本组的编码不仅与当前输入的 k 个信息有关，而且还与前 m 个时刻的输入信息有关，与分组码有很大的不同。卷积码的纠错能力随着 m 的增加而增加，而差错率随着 m 的增加而指数下降。在编码效率与设备复杂性相同的前提下，卷积码的性能优于分组码，因此成为扩频码分多址系统广泛采用的纠错方案。

卷积码的性能取决于所采用的译码方法以及码的距离特性。采用维比特译码时，通常用自由距（任意长编码后序列之间的最小汉明距离）dfree 作为卷积码的距离量度。由于卷积码的线性性质，所有码序列之间的最小汉明距离应该等于非 0 码序列的最小汉明重量，即非 0 码序列中"1"码的个数。自由距可以作为最佳码的衡量标准。通常，自由距可以通过卷积码的生成函数来得到。由于无法找到自由距与卷积码生成多项式之间的计算公式，目前卷积码的号码大都是用计算机搜索得到的。

3）Turbo 码

Turbo 码是 1993 年提出的一种新型信道编码方案，是近年来纠错编码领域的重要突破。

Turbo 码使用相对简单的 RSC（递归系统卷积）码和交织器进行编码，使用迭代和解交织的方法进行译码。Turbo 码能得到接近理论极限的纠错性能，具有很强的抗衰落、抗干扰能力。因此，Turbo 码被确定为第三代移动通信系统的核心系统之一。但由于 Turbo 码的译码复杂度大、译码时延大等原因，比较适合时延要求不高的数据业务，在语音业务和对译码时延要求比较苛刻的数据业务中仍使用卷积码。

Turbo 码用于误码率（BER）$=10^{-3}\sim10^{-6}$ 的业务中，它由两个递归系统卷积码（RSC 码）和一个交织器构成。

Turbo 码译码器是一类具有反馈结构的伪随机码译码器，利用两个子译码器之间信息的往复递归调用，来加强后验概率对数似然比，提高判决可靠性。这种算法也被称为 MAP 算法。Turbo 码译码器是一种流水线结构，由于交织器的存在，两个递归系统卷积码的子译码器的输出不具有相关性，从而可以互相利用对方提供的先验信息，通过反复迭代而获得优越的译码性能。Turbo 码的性能有两大特点：一是随着迭代次数的增加，误码率迅速减小，同时误码率下降的速度变缓；二是随着信噪比的增加误码率逐渐减小，当信噪比增加到一定程度时，误码率下降变慢，即所谓的地方效应。

此外，Gallager 于 1962 年提出的低密度校验码（LDPC 码），在 1995 年被 MacKay 和 Neal 重新发现具有比 Turbo 码更优良的特性后，成为人们的研究热点。由于在许多信道上非规则 LDPC 码都能够逼近信道容量，因此，该码具有极其重要的意义。在 2004 年 3 月刚刚通过的 DVB - S2 通信标准中，LDPC 码被选为信道译码方案。

2.2 　 交 织 技 术

交织技术是为了抵抗无线信道的噪声以及衰落的影响而采取的时间分集技术，它在接收技术中具有重要的作用。在陆地移动通信这种变参信道上，比特差错经常是成串发生的，这是由于持续较长的深衰落谷点会影响到相继一串的比特。然而，信道编码仅在检测和校正单个差错和不太长的差错串时才有效。为了解决这一问题，希望能找到把一条消息中的相继比特分散开的方法，即一条消息中的相继比特以非相继方式被发送。这样，在传输过程中即使发生了成串差错，恢复成一条相继比特串的消息时，差错也就变成单个（或长度很短），这时再用信道编码纠错功能纠正差错，恢复原消息。这种方法就是交织技术。交织方案可以是块交织或卷积交织。在蜂窝系统中一般采用块交织。

交织带来的性能改进，取决于信道的分集级别和信道的平均衰落间隔。交织长度由业务的时延需求来确定。语音业务需要的时延比数据短业务短。因此，需要将交织长度与不同的业务相匹配。

假定由一些 4 比特组成的消息分组，把 4 个相继分组中的第 1 个比特取出来，并让这 4 个第 1 比特组成一个新的 4 比特分组，称做第一帧，4 个消息分组中的比特 2～4，也作同样处理，如图 2 - 2 所示。

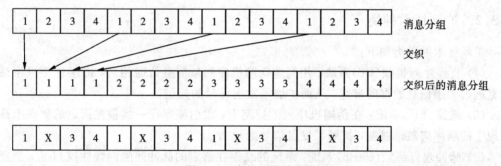

图 2 - 2 　 交织原理示意图

然后依次传送第 1 比特组成的帧，第 2 比特组成的帧，……假如在传输期间，帧 2 丢失，如果没有交织，那就会丢失某一整个消息分组。但采用了交织之后，仅每个消息分组的第 2 比特丢失，再利用信道编码，全部分组中的消息仍能得以恢复，这就是交织技术的基本原理。概括地说，交织就是把码字的 b 个比特分散到 n 个帧中，以改变比特间的邻近关系，因此 n 值越大，传输特性越好，但传输时延也越大，所以在实际使用中必须作折中考虑。

2.3 　 扩 频 技 术

2.3.1 　 扩频技术原理

扩频通信即扩展频谱通信技术（Spread Spectrum Communication），它的基本特点是其传输信息所用信号的带宽远大于信息本身的带宽。

传输任何信息都需要一定的带宽，称为信息带宽。例如，语音信息的带宽大约为 20 Hz～20 000 Hz、普通电视图像信息的带宽大约为 6 MHz。为了充分利用频率资源，通常都是尽量压缩传输带宽。如电话是基带传输，人们通常把带宽限制在 3400 Hz 左右。如使用调幅信号传输，因为调制过程中将产生上、下两个边带，信号带宽需要达到信息带宽的两倍，而在实际传输中，人们采用压缩限幅技术，把广播语音的带宽限制在大约 2×4500 Hz＝9 kHz 左右；采用边带压缩技术，把普通电视信号包括语音信号一起限制在 1.2×6.5 MHz＝8 MHz 左右；即使在普通的调频通信上，人们最大也只把信号带宽放宽到信息带宽的十几倍左右。这些都是采用了窄带通信技术。扩频通信属于宽带通信技术，通常的扩频信号带宽与信息带宽之比将高达几百甚至几千倍。

根据香农(C. E. Shannon)在信息论研究中总结出的信道容量公式，即香农公式：

$$C = W \times \mathrm{lb}(1 + S/N)$$

式中：C——信息的传输速率；S——有用信号功率；W——频带宽度；N——噪声功率。

由香农公式可以看出：

为了提高信息的传输速率 C，可以从两种途径实现，加大带宽 W 或提高信噪比 S/N。换句话说，当信号的传输速率 C 一定时，信号带宽 W 和信噪比 S/N 是可以互换的，即增加信号带宽可以降低对信噪比的要求，当带宽增加到一定程度时，允许信噪比进一步降低，有用信号功率接近噪声功率甚至淹没在噪声之下也是可能的。扩频通信就是用宽带传输技术来换取信噪比上的好处，这就是扩频通信的基本思想和理论依据。

2.3.2　扩频技术种类

扩频技术的种类如下：

(1) 直接序列扩频(DS)系统：用高速伪随机序列与信息数据相乘，由于伪随机序列的带宽远远大于信息数据的带宽，从而扩展了发射信号的频谱。

(2) 跳频(FH)系统：在伪随机序列的控制下，发射频率在一组预先指定的频率上按照所规定的顺序离散地跳变，扩展了发射信号的频谱。

(3) 脉冲现行跳频(Chrip)系统：系统的载频在给定的脉冲间隔内线性地扫过一个宽的频带，扩展发散信号的频谱。

(4) 跳时(TH)系统：这种系统与跳频系统类似，区别在于一个是控制频率，一个是控制时间。即跳时系统是用伪随机序列控制发射时刻和发射时间的长短。

此外，还有上述四种系统组合的混合系统。实际的扩频系统以前三种为主流，主要用于军事通信；在民用上一般只用前两种，即直接序列扩频通信系统和跳频扩频通信系统。

2.3.3　扩频技术特点

由于扩频通信能大大扩展信号的频谱，发端用扩频码序列进行扩频调制，以及在收端用相关解调技术，使其具有许多窄带通信难于替代的优良性能，因此被迅速推广到各种公用和专用通信网络之中。扩频技术主要有以下几项特点：

(1) 易于重复使用频率，提高了无线频谱利用率。

无线频谱十分宝贵，虽然从长波到微波都得到了开发利用，但仍然满足不了社会的需求。在窄带通信中，主要依靠波道划分来防止信道之间发生干扰。

为此，世界各国都设立了频率管理机构，用户只能使用申请获准的频率。扩频通信发送功率极低(1～650 mW)，采用了相关接收这一高技术，且可工作在信道噪声和热噪声背景中，易于在同一地区重复使用同一频率，也可与现今各种窄道通信共享同一频率资源。所以，在美国及世界绝大多数国家，扩频通信不需申请频率，任何个人与单位可以无执照使用。

(2) 抗干扰性强，误码率低。

扩频通信在空间传输时所占有的带宽相对较宽，而收端又采用相关检测的办法来解扩，使有用宽带信号恢复成窄带信号，而把非所需信号扩展成宽带信号，然后通过窄带滤波技术提取有用的信号。这样，对于各种干扰信号，因其在收端的非相关性，解扩后窄带信号中只有很微弱的成分，信噪比很高，因此抗干扰性强。

(3) 隐蔽性好，对各种窄带通信系统的干扰很小。

由于扩频信号在相对较宽的频带上被扩展了，单位频带内的功率很小，信号淹没在噪声里，一般不容易被发现，而想进一步检测信号的参数(如伪随机编码序列)就更加困难，因此说其隐蔽性好。再者，由于扩频信号具有很低的功率谱密度，它对目前使用的各种窄带通信系统的干扰很小。

(4) 可以实现码分多址。

扩频通信提高了抗干扰性能，但付出了占用频带宽的代价。如果让许多用户共用这一宽频带，则可大大提高频带的利用率。由于在扩频通信中存在扩频码序列的扩频调制，充分利用各种不同码型的扩频码序列之间优良的自相关特性和互相关特性，在接收端利用相关检测技术进行解扩，则在分配给不同用户码型的情况下可以区分不同用户的信号，提取出有用信号。这样一来，在一宽频带上许多对用户可以同时通话而互不干扰。

(5) 抗多径干扰。

在无线通信的各个频段，长期以来，多径干扰始终是一个难以解决的问题之一。在以往的窄带通信中，采用两种方法来提高抗多径干扰的能力：一是把最强的有用信号分离出来，排除其他路径的干扰信号，即采用分集/接收技术；二是设法把不同路径来的不同延迟、不同相位的信号在接收端从时域上对齐相加，合并成较强的有用信号，即采用梳状滤波器的方法。

这两种技术在扩频通信中都易于实现。利用扩频码的自相关特性，在接收端从多径信号中提取和分离出最强的有用信号，或把多个路径来的同一码序列的波形相加合成，这相当于梳状滤波器的作用。另外，在采用频率跳变扩频调制方式的扩频系统中，由于用多个频率的信号传送同一个信息，实际上起到了频率分集的作用。

(6) 能精确地定时和测距。

电磁波在空间的传播速度是固定不变的光速。如果能够精确测量电磁波在两个物体之间传播的时间，也就等于测量两个物体之间的距离。

在扩频通信中如果扩展频谱很宽，则意味着所采用的扩频码速率很高，每个码片占用的时间就很短。当发射出去的扩频信号在被测物体反射回来后，在接收端解调出扩频码序列，然后比较收发两个码序列相位之差，就可以精确测出扩频信号往返的时间差，从而算出二者之间的距离。测量的精度决定于码片的宽度，也就是扩展频谱的宽度。码片越窄，扩展的频谱越宽，精度越高。

（7）适合数字话音和数据传输，以及开展多种通信业务。

扩频通信是数字通信，特别适合数字话音和数据同时传输，扩频通信自身具有加密功能，保密性强，便于开展各种通信业务。扩频通信容易采用码分多址、语音压缩等多项新技术，更加适用于计算机网络以及数字化的话音、图像信息传输。

扩频通信绝大部分是数字电路，设备高度集成，安装简便，易于维护，也十分小巧可靠，便于安装，便于扩展，平均无故障率时间也很长。

2.4　调 制 技 术

在无线通信系统中，复杂的信道要求信号有很好的抗干扰能力，同时有限的频带资源要求信号功率谱在较高的频段上占有较窄的带宽。调制就是对信号源的编码信息进行处理，使其变成适合传输的模式。一般来说，这意味着把基带信号转变为一个相对基带频率而言频率非常高的带通信号，并使其具有一定的抗干扰能力。而解调则是将基带信号从载波中提取出来以便接收端处理。

数字调制解调比起传统的模拟方式有更好的抗噪声性能和更强的抗信道衰落能力，实现起来也更加灵活，容易将几种形式的信息融合在一起传播，再通过选择合适的调制方式，将能量集中在较窄的频带内，满足无线通信系统对信号变换的要求。

数字调制大致可分为非恒包络调制和恒包络调制。使用恒包络调制时，不管调制信号如何变化，载波的幅度是恒定的。恒包络调制信号能在非线性限带信道中使用，经过非线性放大器不会引起信号频谱的扩展，带外辐射低，并且可以用限幅或是鉴频的方法检测，能够很好地抵抗随机噪声和瑞利衰落引起的信号波动。但是，这种调制技术的不足在于它占用的带宽往往较大。

常用的恒包络调制有 BPSK、QPSK、$\pi/4$ - QPSK、BFSK、MSK、GMSK 等。而非恒包络调制载波的幅度可变，常用的非恒包络调制有 ASK、QAM、MQAM 等。下面简要介绍 BPSK、QPSK、16QAM 以及 64QAM 这几种调制方式。

1）BPSK 调制

BPSK 是把模拟信号转换成数据值的转换方式之一。在二进制数字调制中，当正弦载波的相位随二进制数字基带信号离散变化时，将产生二进制相移键控信号。通常用已调信号载波的 0 度和 180 度分别表示二进制数字基带信号的 1 和 0。

就模拟调制法而言，如图 2-3 所示，它与产生 2ASK 信号的方法比较，只是对 $s(t)$ 要求不同，因此，BPSK 信号可以看做是双极性基带信号作用下的 DSB 调幅信号。而就键控法来说，如图 2-4 所示，它使用数字基带信号 $s(t)$ 控制开关电路，选择不同相位的载波输出，这时 $s(t)$ 为单极性 NRZ 或双极性 NRZ 脉冲序列信号均可。

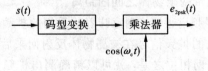

图 2-3　模拟调制法

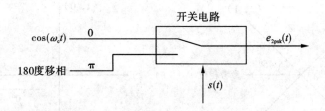

图 2-4　键控法

BPSK 信号属于 DSB 信号，它的解调不能采用包络检测的方法，只能进行相干解调。其相干解调框图如图 2-5 所示。

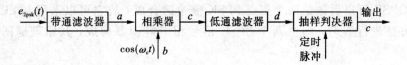

图 2-5　BPSK 相干解调

该信号相干解调的过程实际上是输入已调信号与本地载波信号进行极性比较的过程，故常称为极性比较法解调。但由于 BPSK 信号实际上是以一个固定初相的未调载波为参考的，因此，解调时必须有与此同频同相的同步载波。如果同步载波的相位发生变化，如 0 相位变为 π 相位或 π 相位变为 0 相位，则恢复的数字信息就会发生"0"变"1"或"1"变"0"，从而造成错误的恢复。这种因为本地参考载波倒相，而在接收端发生错误恢复的现象称为"倒 π"现象或"反向工作"现象。绝对移相的主要缺点是容易产生相位模糊，造成反向工作。这也是它实际应用较少的主要原因。

2）QPSK 调制

QPSK 又叫四相绝对相移调制，它利用载波的四种不同相位来表征数字信息。由于每一种载波相位代表两个比特信息，故每个四进制码元又被称为双比特码元。我们把组成双比特码元的前一信息比特用 a 代表，后一信息比特用 b 代表。双比特码元中两个信息比特 ab 通常是按格雷码排列的，它与载波相位的关系如表 2-1 所示，矢量关系如图2-6所示。图 2-6(a)表示 A 方式时 QPSK 信号矢量图，图 2-6(b)表示 B 方式时 QPSK 信号的矢量图。由于正弦和余弦的互补特性，对于载波相位的四种取值，在 A 方式中：45°、135°、225°、315°，数据 I_k、Q_k 通过处理后输出的成形波形幅度有两种取值 $\pm\sqrt{2}/2$；B 方式中：0°、90°、180°、270°，数据 I_k、Q_k 通过处理后输出的成形波形幅度有三种取值 ± 1、0。

表 2-1　双比特码元与载波相位关系

双比特码元		载波相位	
a	b	A 方式	B 方式
0	0	225°	0°
1	0	315°	90°
1	1	45°	180°
0	1	135°	270°

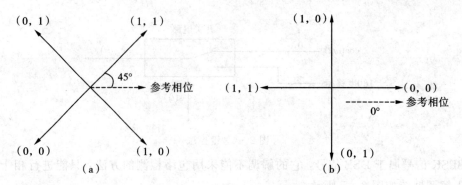

图 2-6　QPSK 信号的矢量图

由于 QPSK 可以看做是两个正交 2PSK 信号的合成，故它可以采用与 2PSK 信号类似的解调方法进行解调，即由两个 2PSK 信号相干解调器构成，其原理框图如图 2-7 所示。

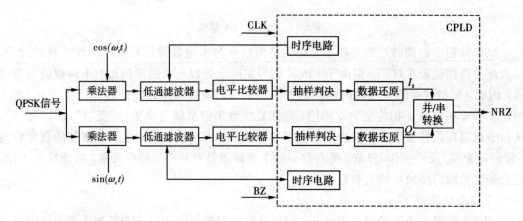

图 2-7　QPSK 解调原理框图

QPSK 是一种频谱利用率高、抗干扰性强的数据调制方式，它被广泛应用于各种通信系统中，适合卫星广播。例如，数字卫星电视 DVB-S2 标准中，信道噪声门限低至 4.5 dB，采用 QPSK 调制方式，同时保证了信号传输的效率和误码性能。

3) 16QAM 调制

QAM 即正交幅度调制，是一种数字调制方式。所谓 16QAM 是指包含 16 种符号的 QAM 调制方式。它是用两路独立的正交 4ASK 信号叠加而成，4ASK 是用多电平信号去键控载波而得到的信号。它是 2ASK 体制的推广，和 2ASK 相比，这种体制的优点在于信息传输速率高。

正交幅度调制是利用多进制振幅键控（MASK）和正交载波调制相结合产生的。十六进制的正交振幅调制是一种振幅相位联合键控信号。16QAM 的产生有 2 种方法：

（1）正交调幅法：由 2 路正交的四电平振幅键控信号叠加而成；

（2）复合相移法：由 2 路独立的四相位移相键控信号叠加而成。

这里采用正交调幅法。16QAM 正交调制的原理如图 2-8 所示。

图中，串/并变换器将速率为 R_b 的二进制码元序列分为两路，速率为 $R_b/2$。2-4 电平变换将 $R_b/2$ 的二进制码元序列变成速率为 $R_s = R_b/\log_2 16$ 的 4 电平信号，4 电平信号与正交载波相乘，完成正交调制，两路信号叠加后产生 16QAM 信号。在两路速率为 $R_b/2$ 的二

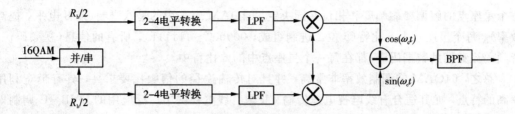

图 2-8　16QAM 调制器

进制码元序列中，经 2-4 电平变换器输出为 4 电平信号，即 $M=16$。经 4 电平正交幅度调制和叠加后，输出 16 个信号状态，即 16QAM。

16QAM 信号采取正交相干解调的方法解调。解调器首先对收到的 16QAM 信号进行正交相干解调，一路与 $\cos\omega_c t$ 相乘，一路与 $\sin\omega_c t$ 相乘。然后经过低通滤波器，低通滤波器 LPF 滤除乘法器产生的高频分量，获得有用信号，低通滤波器 LPF 输出经抽样判决可恢复出电平信号。16QAM 正交相干解调如图 2-9 所示。

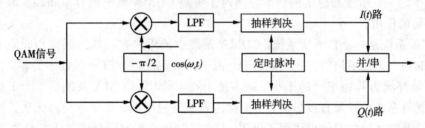

图 2-9　16QAM 正交相干解调

4) 64QAM 调制

我们知道，单独使用幅度或相位携带信息时，不能充分利用信号平面，这可从星座图上直观地看到。对 mASM 调制而言，星座点分布在一条轴线上，mPSM 调制的星座点分布在圆周上，同时伴随着 m 的增大其星座点的距离也跟着减小，造成抗干扰能力的下降。为解决这一问题，mQAM 调制应运而生，作为一种二维调制，它同时具备较高的调制效率和较好的功率利用率。mQAM 调制可充分利用信号平面，星座点的分布呈块状。mQAM 调制既可以用无线信道，也可以用有线信道。由于有线数字信道以 HFC 网络为传输媒介，信道的条件较好，因而 m 的数值可选的稍大一些。一般而言，m 的数值选择要兼顾调制效率和信道条件这两方面因素，故基于 DVB-C 的有线数字电视选用 64QAM 调制。

64QAM 调制是基于 DVB-C 的有线数字电视的核心技术。所谓 QAM 是用两个独立的基带信号对两个相互正交的同频载波进行抑制载波的双边带调制。在 mQAM 中，m 叫状态数，通常取值为 16、32、64、128 和 256，状态数越小（意味着星座点之间的空间距离远），抗干扰能力越强，但调制效率较低（携带的消息量少）；反之，状态数越大（意味着星座点之间的空间距离近），抗干扰能力越弱，但调制效率较高（携带的消息量大，同时要求信道质量也越高，即要求优质的光缆电缆和各种有源无源器件直至优质的施工质量）。有线数字电视 DVB-C 标准中规定使用的是 64QAM，需要特别注意的是，64QAM 的名称虽为正交幅度调制，但实际上却是所谓的振幅-相位联合键控，这是有线数字电视中一个非常重要的概念，正因为 QAM 相位调制（依靠不同的相位携带不同的信息），才导致了有线数字电视对 HFC 传输网络质量的要求高于模拟电视。64QAM 中 64 个状态（星座点）上的每个星座点的解调要靠幅度和相位共同决定，64QAM 中采用的是八进制（或 8 电平，提高效率），每个星座点由 6 比特（6 位二进制组成，000000～111111），所有的信息（视频码流、音频码流和辅助数据码流）都在每一个星座点中的 6 比特中。

总之，64QAM 的调制效率非常高，并且对传输途径的信噪比要求高，具有带宽利用率高的特点，尤其适合有线电视电缆传输。我国有线电视网中广泛应用的 DVB－C 调制即 QAM 调制方式。它是幅度和相位联合调制的技术，同时利用了载波的幅度和相位来传递信息比特，不同的幅度和相位代表不同的编码符号。因此，在最小距离相同的条件下，QAM 星座图中可以容纳更多的星座点即可实现更高的频带利用率。

2.5　功率控制技术

功率控制（power control）技术用于动态地调整发射机的发射功率，它是 CDMA 系统的关键技术之一，精确和稳定的功率控制对于提高 CDMA 系统的容量和保证服务质量有着至关重要的作用。

CDMA 系统是一个自干扰系统，CDMA 系统中的用户在同样的频率和时间上发送信号，不同的用户采用不同的扩频码来区分。由于扩频码之间的互相关性不为零，使得每个用户的信号都成为其他用户的干扰，即多址干扰。同时，CDMA 系统是一个干扰受限系统，即干扰对系统的容量直接影响，当干扰达到一定程度后，每个用户都无法正确解调自己的信号，此时系统的容量也达到了极限。因此，如何克服和降低多址干扰就成为 CDMA 系统中的主要问题之一。通过功率控制，使发射功率尽可能的小，从而有效地限制多址干扰。

由于用户的移动性，不同的移动台和基站之间的距离是不同的。而在无线通信系统中，信号的强度随传输距离呈指数衰减。因此，在反向链路上，如果所有的移动台的功率发射都相同，则离基站近的移动台的接受信号强，离基站远的移动台的接收信号弱。这样就会产生以强压弱的现象，即远处用户的信号会被近处用户的信号淹没，以至于不能正确解调，这种现象称为"远近效应"。为了克服这种现象，对移动台的发射功率进行调整是非常有必要的，使得基站接收到的所有移动台的信号功率基本相等。

在前向链路上，同一基站所有的信道经历的无线环境是相同的，因此不存在远近效应。前向链路中的干扰主要来自于其他基站的前向信号和服务基站内其他用户的前向信号，尽管不存在远近效应，但是当移动台位于相邻小区的交界处时，收到的服务基站的有用信号很低，同时还会收到相邻小区基站的较强干扰。如果要保证各个移动台的通信质量，则在小区边缘的移动台比距离基站近的移动台需要更高的功率。因此，仍需要对前向功率进行一定的控制，以降低干扰，保证通信质量。

在 CDMA 系统中，采用功率控制是非常有必要的，它也是 CDMA 走向实用化的核心技术之一。功率控制在对接受信号的能量或信噪比进行评估的基础上，适时补偿无线信道的衰落，来不断调整发射信号的功率，从而保证一定的通信质量，又降低对其他用户的干扰，保证系统容量。功率控制的核心目的是在保证一定通信质量的前提下，尽可能降低发射功率，以降低干扰，减少功耗。

2.5.1　传统频率复用与 CDMA 频率复用

传统的频率复用方式(FDMA 和 TDMA 制式的复用方式)如图 2-10 所示。

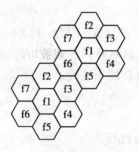 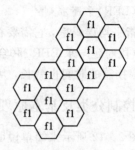

图 2-10　传统的频率复用方式　　　　图 2-11　CDMA 频率复用方式

传统的频率复用方式是将无线管理部门所分配的频带划分为 7 个子频带(图中用 f1，f2，f3，f4，f5，f6，f7 表示)，供不同的小区使用。每个小区被表示成一个六边形。相邻小区不重复使用相同的频率。

频率复用的理论依据是：微波在地面上的传输功率的衰减大约是距离的 4 次幂。也就是说，无线信号的传输损耗非常大，非常快。一定功率发射的信号在一段距离后，不会对距离外的相同频率造成干扰。

CDMA 仍然采用传统的蜂窝覆盖，但每个小区使用相同的频率(或称为载频)，如图 2-11 所示。

码分多址 CDMA 与频分多址 FDMA 及时分多址 TDMA 相比，具有容量大、功率低、软切换、抗干扰强等一系列优点。但是在 CDMA 系统中，由于所有用户均使用相同的频段的无线信道和相同的时隙，用户间仅靠地址扩频码加以区分，即用户间存在干扰。同时，由于 CDMA 为一干扰受限系统，即干扰的大小直接影响系统容量。因此，有效地克服和抑制多址干扰就成为 CDMA 系统中最主要、关键的问题。

2.5.2　功率控制准则

功率控制是指在移动通信系统中根据信道变化情况以及接收到的信号电平，通过反馈信道，按照一定准则控制、调节发射信号电平。

1) 功率平衡准则

功率平衡准则是指通过功率控制使接收端接收到的有用信号功率相等。该准则比较易实现，但是性能不如信噪比平衡准则。

2) 信噪比平衡准则

信噪比平衡准则是指通过功率控制使接收端有用信号的信噪比相等。该准则虽然能够提供较好的性能，但是可能会产生正反馈，导致系统不稳定。即当某个移动台信噪比低于目标值时，会增加发射功率，同时也就增加了对其他用户的干扰，会导致其他用户也增大发射功率，最终导致系统崩溃。

3) 功率平衡和 SIR 平衡混合体制准则

功率控制准则的控制方法易于实现，但其性能不及基于 SIR 平衡准则的功率控制。基于 SIR 平衡准则的功率控制也存在局限性，若某移动台到达基站的 SIR 过低，需增大发射功率以使 SIR 达到平衡，但这也相应的增加了对其他移动台的干扰，必然导致其他移动台发射功率增大，如此不断恶性循环导致系统崩溃。为了克服 SIR 的正反馈带来的系统不稳定性，人们又提出了将 SIR 平衡准则与功率平衡准则相结合。

4）误码率（BER）平衡准则

BER 一般指平均误码率，它需要在一段时间内求平均值。因此，以 BER 作为准则存在一定的时延，这段时延与求 BER 平均值的时间段是相互矛盾的，平均时间长，则时延大，延迟后执行功率控制的时间也就长，从而影响功率控制的正确性。

2.5.3　功率控制分类及基本原理

可以通过图 2 - 12 所示来简单说明一下功率控制过程。

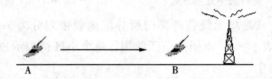

图 2 - 12　功率控制示意图

在 CDMA 系统中，功率控制按功控链路方向可分为前向功率控制和反向功率控制，而反向功率控制又可分为开环功率控制、闭环功率控制和外环功率控制。由于 CDMA 系统容量主要受反向链路容量限制，因此反向功率控制尤为重要。

1）前向功率控制

如图 2 - 13 所示，前向功率控制也称下行链路功率控制，在正向功率控制中，移动台检测前向传输的误帧率，并向基站报告该误帧率的统计结果，基站根据测量结果调整每个移动台的发射功率，其目的是对路径衰落小的移动台分配较小的前向链路功率，而对那些远离基站的和误码率高的移动台分配较大的前向链路功率。其要求是调整基站对每个移动台的发射功率，使任一移动台无论处于小区的什么位置上，收到基站信号的电平都刚刚达到

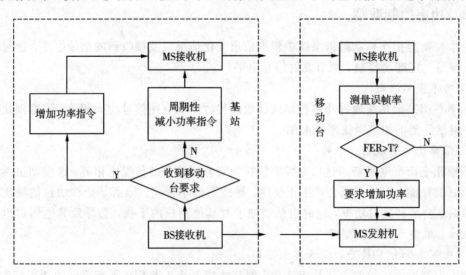

图 2 - 13　前向功率控制图

所要求信干比的门限值，这样可以避免基站向较近的移动台辐射过大的功率。控制方法是基站周期性的降低给移动台发送的功率，这个过程直到前向链路的误帧率上升时才停止。移动台给基站发送帧错误的数值，根据这个信息，基站决定是否增大一份功率，通常是 0.5 dB。

2) 反向开环功率控制

如图 2-14 所示，其基本原理是根据用户接收功率与发射功率之积为常数的原则，先行测量接收功率的大小，并由此确定发射功率的大小。开环功率控制用于确定用户初始发射功率，或用户接收功率发生突变时的发射功率调节。其特点是方法简单直接，不需要在移动台和基站间交换信息。这种方法对某些情况（例如车载移动台快速进出地形起伏区或高大建筑物遮蔽区所引起的信号变化时）是十分有效的，但对于因多径传播而引起的瑞利衰落效果不好。开环功率控制未考虑到上、下行链路电波功率的不对称性，因而其精确性难以得到保证。

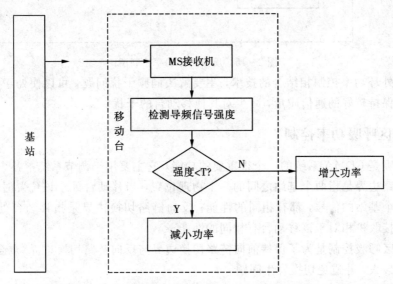

图 2-14　反向开环功率图

3) 反向闭环功率控制

反向闭环功率控制技术可以较好地解决上述问题。如图 2-15 所示，其基本原理是基站接收移动台的信号，并测量其信噪比，基站检测信噪比 SNR，与门限值比较，然后将其与一门限作比较，若收到的信噪比大于门限值，基站就在前向传输信道上传输一个减小发射功率的命令；反之，就送出一个增加发射功率的命令，每 1.25 ms 更新一次（每秒重复 800 次）。闭环功率控制可以修正反向传输和前向传输路径增益的变化，消除开环功率控制的不准确性，校正开环功率控制未消除的、与前向链路相独立的损耗。闭环功率控制的设计目标是使基站对移动台的开环功率估计迅速做出纠正，以使移动台保持最理想的发射功率。

4) 反向外环功率控制

反向外环功率控制技术的基本原理是通过对接收误帧频的计算，调整闭环功率控制所需的信干比门限，通常需要采用变步长方法，以加快信干比门限的调整速度。

在第三代移动通信系统中，上行链路采用开环、闭环和外环功率控制相结合的技术，主要解决"远近效应"问题，保证所有信号到达基站时都具有相同的平均功率；下行链路则

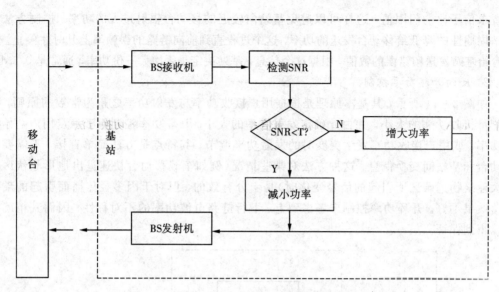

图 2-15　反向闭环功率控制图

采用闭环和外环功率控制相结合的技术，主要解决同频干扰问题，可以使处于严重干扰区域的移动台保持较好的通信质量，减少对其他移动台的干扰。

2.5.4　小区呼吸功率控制

小区呼吸是 CDMA 系统的一个很重要的功能，它主要用于调节系统中各小区的负载。

前向链路边界是指两个基站之间的一个物理位置，当移动台处于该位置时，其接收机无论接收哪个基站的信号，都有相同的性能；反向链路切换边界是指移动台处于该位置，两个基站的接收机相对于该移动台有相同的性能。

基站小区呼吸控制是为了保持前向链路切换边界与反向链路切换边界"重合"，以使系统容量达到最大，并避免切换发生问题。

小区呼吸算法是根据基站反向接收功率与前向导频发射功率之和为一常数的事实来进行控制的。具体手段是通过调整导频信号功率占基站总发射功率的比例，来达到控制小区覆盖面积的目的。

小区呼吸算法涉及初始状态调整、反向链路监视、前向导频功率增益调整等具体技术。

2.6　切　换　技　术

2.6.1　切换方式

在现代无线通信系统中，为了在有限的频率范围内为尽可能多的用户终端提供服务，通常将系统服务的地区划分为多个小区或扇区，在不同的小区或扇区内放置一个或多个无线基站，各个基站使用不同或相同的载频或码，这样在小区之间或扇区之间进行频率和码的复用可以达到增加系统容量和频谱利用率的目的。

工作在移动通信系统中的用户终端经常要在使用过程中不停地移动，当从一个小区或扇区的覆盖区域移动到另一个小区或扇区的覆盖区域时，要求用户终端的通信不能中断（注意：这里的通信不中断可以理解为可能丢失部分信息但不至于影响通信），这个过程称为越区切换。越区切换有三种方式：硬切换、软切换和接力切换。

（1）硬切换：当用户终端从一个小区或扇区切换到另一个小区或扇区时，先中断与原基站的通信，然后再改变载波频率与新的基站建立通信，如图 2 - 16 所示。在早期的频分多址（FDMA）和时分多址（TDMA）移动通信系统中，采用这种越区切换方法。

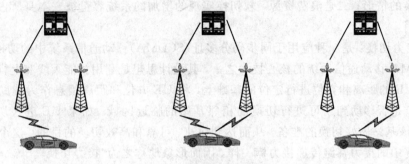

图 2 - 16　硬切换示意图

硬切换又分成异频硬切换、同频硬切换和系统间切换。异频硬切换是指发生在不同频率小区间的切换（WCDMA 不同频率载波之间的切换），这种切换只能是硬切换。同频硬切换发生在 UTRAN（UMTS 地面无线接入网）内不同 RNS（无线网络子系统）间且没有 Iur 接口时的同频切换，或者为了节省资源对高速数据业务的同频小区之间采取硬切换的策略。系统间切换是指 WCDMA 与 GSM（或者 CDMA 2000 以及其他系统）之间的切换。

硬切换的优点是信道利用率高，缺点是切换过程中有可能丢失信息。

（2）软切换：当用户终端从一个小区或扇区移动到另一个具有相同载频的小区或扇区时，在保持与原基站通信的同时与新基站也建立起通信连接，与两个基站之间传输相同的信息，完成切换之后才中断与原基站的通信，如图 2 - 17 所示。在美国 Qualcomm公司 20 世纪 90 年代发明的码分多址（CDMA）移动通信系统中，采用软切换越区切换方法。

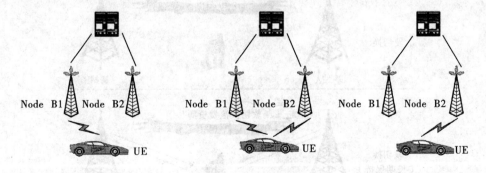

在软切换过程中，UE 先建立与 Node B2 的信令和业务连接之后，再断开与 Node B1 的信令和业务连接，即 UE 在某一时刻与两个基站同时保持联系

图 2 - 17　软切换示意图

　　软切换具体可分为软切换和更软切换。软切换和更软切换的区别在于：更软切换发生在同一 Node B(基站节点)的不同小区之间，在 Node B 对上行信号进行最大比合并；软切换发生在不同 Node B 的不同小区之间，在 RNC(无线网络控制器)对上行信号进行选择性合并；由于最大比合并的增益比选择合并大，更软切换性能比软切换好。此外，由于更软切换合并在 Node B 进行，因而也不会占用 Iub 接口的传输资源。

　　软切换的优点是切换的成功率高。其缺点：一是只能应用于终端在相同频率的小区或扇区间切换的情形；二是浪费资源，软切换实现的增加的系统容量被它本身所占用的系统容量所抵消。

　　(3) 接力切换：是一种应用于同步码分多址(SCDMA)移动通信系统中的切换方法，是 TD－SCDMA 移动通信系统的核心技术之一。其设计思想是利用智能天线和上行同步等技术，在对 UE 的距离和方位进行定位的基础上，将 UE 方位和距离信息作为辅助信息来判断目前 UE 是否移动到了可进行切换的相邻基站的临近区域。如果 UE 进入切换区，则 RNC 通知该基站做好切换的准备，从而达到快速、可靠和高效切换的目的。这个过程就像是田径比赛中的接力赛跑传递接力棒一样，因而形象地称之为"接力切换"。

　　接力切换的优点是将软切换的高成功率和硬切换的高信道利用率综合起来，应用于不同载频的 SCDMA 基站之间，甚至是 SCDMA 系统与其他移动通信系统如 GSM、IS－95 的基站之间，以实现不中断通信、不丢失信息的理想的越区切换。

2.6.2　三种切换方式比较

　　三种切换方式的比较如图 2－18 所示。

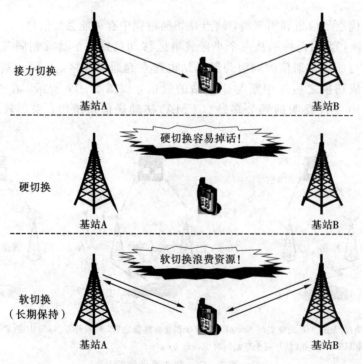

图 2－18　三种切换方式的比较

三种切换方式的现实应用如下：

（1）硬切换：GSM。

（2）软切换：CDMA 2000。

（3）接力切换：TD - SCDMA。

三种切换方式的效果比较如表 2 - 2 所示。

表 2 - 2　三种切换方式的比较

参　　数	硬切换	接力切换	软切换
切换成功率	低	高	高
资源占用	少	少	多
切换时延	短	短	长
对容量的影响	低	低	高
呼叫掉话率	高	低	低

第3章　3G移动通信系统

3.1　CDMA 2000 移动通信系统

3G 网络系统的主要追求目标是更高的比特率和更高的频谱效率。

CDMA 2000 是 IMT-2000 的三大主流技术之一。CDMA 2000 采用 CDMA 的宽带扩频接口，其网络系统在室内环境、室内/外步行环境、车载环境中均可达到或超过 IMT-2000 的指标，室内最高数据速率达 2 Mb/s，步行环境最高数据速率达 384 kb/s，车载环境最高数据速率达 144 kb/s，同时支持从 2G 网络系统向 3G 网络系统的演进。

CDMA 2000 是从 CDMA One 演进而来的 3G 技术，CDMA 2000 标准是一个体系结构，称为 CDMA 2000 family，含有一系列的子标准，其标准由 3GPP2 制定，正式标准于 2000 年 3 月通过。

3.1.1　CDMA 2000 概述

CDMA 2000(Code Division Multiple Access 2000)也称为 CDMA Multi-Carrier，是一个 3G 移动通信标准，国际电信联盟 ITU 的 IMT-2000 标准认可的无线电接口，也是 2G CDMA One 标准的延伸。

CDMA 2000 代表厂商有高通、朗讯、摩托罗拉和北方电讯。这一标准由美国高通北美公司为主导提出，是基于 IS-95 CDMA 的宽带 CDMA 技术，可以保护基于 IS-95 的窄带 CDMA 的投资，受到了 CDMA 发展集团、宽带扩频数字技术电信工业委员会等协会和标准化组织的支持。

这套系统是从窄频 CDMA One 数字标准衍生出来的，可以从原有的 CDMA One 结构直接升级到 3G。其技术特点是反向信道连续导频、相干接收，前向发送分集，电磁干扰影响小，建设成本低廉。其中从 CDMA 2000 1x 之后均属于第三代技术。但目前使用 CDMA 的地区只有日、韩、北美和中国，所以相对于 WCDMA 来说，CDMA 2000 的适用范围要小些，使用者和支持者也要少些。不过 CDMA 2000 的研发技术却是目前 3G 各标准中进度最快的，许多 3G 手机已经率先面世。CDMA 2000 根本的信令标准是 IS-2000。CDMA 2000 与另两个主要的 3G 标准 WCDMA 及 TD-SCDMA 不兼容。

表 3-1 所示为 CDMA 2000 系列的主要技术特点。

分析表 3-1，与 CDMA One 相比，CDMA 2000 有下列技术特点：

- 多种信道带宽。前向链路上支持多载波(MC)和直扩(DS)两种方式；反向链路仅支持直扩方式。当采用多载波方式时，能支持多种射频带宽，即射频带宽可为 $N \times 1.25$ MHz，其中 $N=1$、3、5、9 或 12。目前技术仅支持前两种，即 1.25 MHz(CDMA 2000-1X)和 3.75 MHz(CDMA 2000-3X)。

表 3 - 1　CDMA 2000 系列的主要技术特点

带宽/ MHz	1.25	3.75	7.5	11.5	15
无线接口来源于	IS - 95				
网络结构来源于	IS - 41				
业务演进来源于	IS - 95				
最大用户比特率/(b/s)	307.2 k	1.0386 M	2.0736 M	2.4576 M	
码片速率/(Mb/s)	1.2288	3.6864	7.3728	11.0592	14.7456
帧的时长	典型为 20，也可选 5，用于控制				
同步方式	IS - 95（使用 GPS，使基站之间严格同步）				
导频方式	IS - 95（使用公共导频方式，与业务码码复用）				

- 在同步方式上，沿用 CDMAIS - 95 方式采用 GPS 使基站间严格同步，以取得较高的组网与频谱利用率，有效地使用无线资源。
- 与现存的 TIA/EIA - 95B 系统具有无缝的互相操作性和切换能力，可实现 CDMA One 向 CDMA 2000 系统平滑过渡演进。
- 核心网协议可使用 IS - 41、GSM - MAP 以及 IP 骨干网标准。
- 前向发射分集。
- 前向和反向空中接口的快速功率控制。
- 采用 Turbo 编码。
- 辅助导频信道。
- 灵活帧长，可变帧长的分组数据控制信道操作（5 ms 和 20 ms）。
- 前向和反向同时采用导频辅助的相干解调。
- 可选择较长的交织器。

3.1.2　CDMA 2000 标准发展历程

　　作为第三代移动通信技术的一个主要代表，CDMA 2000 由 CDMA One 演进而来。它是美国向 ITU - T 提出的第三代移动通信空中接口标准的建议，同时也是 IS - 95 标准向第三代移动通信系统演进的技术体制方案。图 3 - 1 为 CDMA 网络系统演进过程示意图。

　　一般认为，IS - 95A/B 标准属于第二代移动通信技术标准。IS - 95A 是 1995 年 5 月由美国电信工业协会（TIA）正式颁布的窄带 CDMA 标准。1999 年 3 月，IS - 95B 标准制定完成，它是 IS - 95A 的进一步发展，其主要目标是满足更高比特速率业务的需求。IS - 95B 可提供的理论最大比特速率为 115 kb/s，实际只能实现 64 kb/s。IS - 95A 和 IS - 95B 均是系列标准，其总称为 IS - 95。CDMA One 是基于 IS - 95 标准的各种 CDMA 产品的总称，即所有基于 CDMA One 技术的产品，其核心技术均以 IS - 95 作为标准。

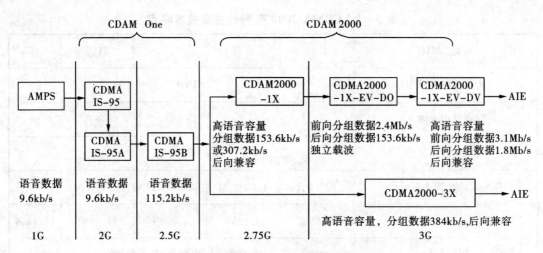

图 3-1　CDMA 网络系统演进过程示意图

　　CDMA 2000 标准是一种体系结构，称为 CDMA 2000 家族，它包含一系列子标准。由 CDMA One 向 3G 演进的途径为：CDMA One、CDMA 2000 1x、CDMA 20003x 和 CDMA 2000 1x EV。其中，从 CDMA 2000 1x 之后均属于第三代技术。

　　CDMA 2000 标准在不断地演进和更新。CDMA 2000 标准在从最初的 2G CDMAIS-95A/B 标准演进到 2.5G 的 CDMA 2000 1x 标准之后，出现了两个分支：一个是 CDMA 2000 标准定义的 3x，即将 3 个 CDMA 载频进行捆绑以提供更高速数据；另一个分支是 1x EV，包括 1x EV-DO 和 1x EV-DV，其中 1x EV-DO 系统主要为高速无线分组数据业务设计，1x EV-DV 系统则能够提供混合高速数据和话音业务。所有系列标准都向后兼容。目前，3GPP2 主要制定 CDMA 2000 1x 的后续系列标准，即 1x EV-DO 和 1x EV-DV 的相关标准。

1. CDMA 2000 1x

　　CDMA 2000 1x 标准是由 CDMA IS-95 标准演进而来的，其语音容量为 IS-95 系统的 2 倍，并提供高达 307.2 kb/s(A 版本)的峰值速率，同时在无线信道类型、物理信道调制和无线分组接口功能上都有很大的增强。CDMA 2000 1x 是一种成熟的、经过商用验证的技术，目前全球用户数量已超过 11 800 万。

　　CDMA 2000 1x 是 CDMA 2000 移动通信系统的第一个阶段，其主要特点就是与现有的 IS-95A/B 系统后向兼容。由于 CDMA 2000 1x 具有快速寻呼信道的功能，因而极大地减少了终端的电源消耗，终端的待机时间提高了近 50%。网络部分则根据数据传输的特点引入了分组交换机制，支持移动 IP 业务，支持 QoS，能适应更多、更复杂的第三代业务。

　　CDMA 2000 1x 0 是 CDMA 2000 1x 的最初版本，于 1999 年 7 月公布，它为多载波模式定义了物理层，可实现大容量的语音和分组数据业务，其数据速率可达 153 kb/s。0 版本采用了质量指示器位(QIB)模式的前向快速功率控制和观察时间差(OTD)模式的前向发送分集技术，支持快速寻呼信道和反向导频信道，并可为用户同时提供多种类型的业务。

　　2000 年 3 月公布的 A 版本，数据速率可达 307.2 kb/s，其前向快速功率控制采用 QIB 模式，前向发送分集为同步传输信号(STS)模式，支持辅助导频，支持 QoS 功能。它在 0

版本的基础上增加了新的公共信道(F - BCCH，F - CCCH，F - CACH，F - CPCCH，R - EACH和R - CCCH)，采用了无线链路协议(RLP)来保证全速率数据业务的可靠传输，支持并发业务和增强型的加密协议，同时提供对多媒体业务的信令支持。

2002 年 4 月公布的 B 版本与 A 版本基本相同，主要增加了"援救"信道，以提高通话的可靠性，降低掉话率。

CDMA 2000 1xC 版本公布于 2002 年 5 月，在前向链路(从基站到移动台)中引入了高速数据支持能力，前向链路最大数据速率可达 3.1 Mb/s。CDMA 2000 1x D 版本公布于 2004 年 3 月，其反向链路(从移动台到基站)最大数据速率可达 1.8 Mb/s。CDMA 2000 1x C 版本和 D 版本又称为 1x EV - DV。

2. 1x EV - DO

目前 CDMA 2000 1x EV - DO 发布了两个版本，即 Release 0 和 Release A，两个版本在功能特点和信道结构方面相差很大。Release 0 支持的前、反向峰值速率分别为 2.4 Mb/s 和 153.6 kb/s，而 Release A 在 Release 0 的基础上通过对前、反向链路的改进、增强和引入新技术，使得前向链路支持的峰值速率达到 3.1 Mb/s，反向链路支持的峰值速率达到 1.8 Mb/s。

迄今为止，3GPP2 关于 1x EV - DORelease 0 的相关标准都已经发布，我国 CDMA 2000 1x EV - DORelease 0 系列的参考性技术文件也已经发布，相应的行业标准已经报批通过，主要包括空中接口技术要求、A 接口技术要求、设备技术要求、测试方法等。

3. 1x EV - DV

1x EV - DV 系统提供混合高速数据和话音业务。1x EV - DV 与 CDMA 2000 系列标准完全后向兼容，与 ANSI - 41 核心网标准也兼容。1x EV - DV 对应有 CDMA 2000 1x C 版本和 CDMA 2000 1x D 版本两套标准，C 版本主要改进和增强了 CDMA 2000 1x 的前向链路，前向最高峰值速率达到 3.1 Mb/s。在此基础上，D 版本改进和增强了反向链路，使反向最高峰值速率达到 1.8 Mb/s，而在 C 版本中反向峰值速率只有 230.4 kb/s。在 3GPP2 会议上，与 CDMA 2000 1x EV - DV 相关的标准系列(空中接口技术要求、A 接口技术要求、设备技术要求、测试方法)已经陆续出台，现在进行的只是文字或细节上的修订。

与 CDMA 2000 1x B 之前的版本相比，CDMA 2000 1x C 版本中增加了许多新特性。

CDMA 2000 1x C 版本结合了诸多的新技术，如自适应调频和编码(AMC)，混合自动请求重传(HARQ)和采用 TDM/CDM 混合技术的高速分组数据信道(F - PDCH)，使前向数据传输速度可高达 3.1 Mb/s。

在 CDMA 2000 1x C 版本中，通过多个业务信道的组合，可支持多种不同 QoS 要求的业务。CDMA 2000 制定 1x EV - DV 标准的一个目标是必须继续支持语音及其他已有的业务；网络方面，运营商可以由 CDMA 2000 1x 系统平滑演进到 1x EV - DV；终端方面，由于 1x EV - DV 的后向兼容性，用户也可保证使用同一手机在整个网络中得到服务。

1x EV - DV 同时使用了时分复用(TDM)和码分复用(CDM)，可根据所支持的业务性质而使用不同的资源分配方法。通过 TDM/CDM 的结合使用，并选取最佳的调制和编码率，可更公平合理地分配系统资源，从而进一步提升系统容量。

3.1.3　CDMA 2000 的优势

CDMA 2000 能实现对 IS‑95 系统的完全兼容，技术延续性好，可靠性较高，同时其也成为从第二代向第三代移动通信过渡最平滑的选择。由于所采用的基本技术始终为CDMA，单个载波信道占用的带宽始终为 1.25 MHz，因此 IS‑95、CDMA 2000 1x、1x EV 的演进路线是清晰的。无论是移动终端还是基站，都能够前、后向兼容，是一种真正意义的平滑过渡。所以，CDMA 2000 技术是一种最大程度考虑了运营商投资利益的技术标准，它可以使现有 IS‑95 的运营商从中获取最大程度的投资保护而非常平滑地过渡到第三代移动通信系统，并针对不同的最终用户群体提供灵活的业务选择，使他们可以各取所需，从而给运营商带来最大的投资回报。

在这里我们比较一下另一种第三代移动通信技术 UMTS(W‑CDMA)的演进之路，由于 GSM 采用的是 TDMA(时分多址)调制方式，而 W‑CDMA 采用了 CDMA(码分多址)调制方式，二者存在本质差异，其空中信道无法兼容，因而在由 GSM 向 W‑CDMA 的过渡中，数量最大、成本最高的基站子系统无法兼容。因此，升级到第三代技术后，基站必须更换或新增，所谓平滑过渡至少在基站方面是无法实现的。因此 GSM 手机无法在 W‑CDMA 网络中使用，而 W‑CDMA 手机也无法在 GSM 网中使用，只有使用双模、多频手机，才能跨网互通。为要达到系统升级和支持用户跨代互通，运营商与用户都要付出非常高的代价。

而对于 CDMA 2000 的演进来说，由于空中接口标准的兼容及载频的重合，IS‑95 的终端可以漫游到 CDMA 2000 1x 及 1x EV 系统，CDMA 2000 的终端在 IS‑95 的系统中也能够正常使用，即对用户来说，购买终端的投资得到了最大程度的保护。对运营商而言，系统升级可按需求逐步实施，经济效益较高。

3.1.4　CDMA 2000 系统未来发展演进

CDMA 2000 演进目标主要包括：提升宽带无线终端用户体验；支持演进的 MMD/IMS 服务；提升端到端服务质量保证；进一步提高语音用户容量；支持总宽带到 20 MHz和多载波；提高峰值传输速率和系统容量；降低系统时延；支持灵活的频谱分配；支持动态信道分配；最小化控制和信令开销；降低资本支出和运营支出的每比特开销；支持与其他无线接入网络之间的无缝切换；短期演进应支持后向兼容。

总之，基本目标是在保护现有投资和后向兼容的前提下，提高峰值速率和系统容量，在领导市场的同时提升用户体验。

CDMA 的演进主要分为两个阶段：

第一阶段：实现多载波，载波数 N 为 1～15(其中 N 等于 1 是为了保证后向兼容)，使用 SDMA(空分多址)、发送/接收分集和天线阵列等技术，前向峰值速率可以达到46.5 Mb/s，反向达到 27 Mb/s。目前，与此有关的 EV‑DO Rev.B 标准的制定工作正在3GPP2 中紧锣密鼓的进行。

第二阶段：目标是进一步提高频谱利用率和峰值数据速率，并降低时延；使用干扰消除(IC, Interference Cancellation)等技术增强 Nx EV‑DO 系统性能；新的空中接口工作频带大于 20 MHz，并在频率选择信道状况下具有良好的性能，前向峰值数据速率可提高到 100 Mb/s～1Gb/s，反向达到 50 Mb/s～100 Mb/s；可引入 OFDM、MIMO 等技术。

3.2　WCDMA 移动通信系统

WCDMA(宽带码分多址)是在 GSM(全球移动通信系统)网络的基础上进行演进的，它的设计目标是不仅能够提供比第二代移动通信系统更大的容量和更好的通信质量，而且要能在全球范围内更好地实现无缝漫游并为用户提供语音、数据和移动多媒体等业务。在 3GPP 中，WCDMA 系统包括 UTRA(UMTS Terrestrial Radio Access)FDD 和 TDD。与第二代移动通信相比，WCDMA 系统采用直接扩频码分多址技术(DS-CDMA)，信息被扩展成 3.84 Mchips/s 后在 5 MHz 带宽内传送，同时采用了多种关键技术保证业务质量(QoS)。

3.2.1　WCDMA 概述

我国拥有世界上最大的 GSM 网络，而 WCDMA 有极强的兼容性，运营商只需在网络上增添一些软硬件即可使现有的 GSM 升级为 WCDMA，所以采用 WCDMA 可以保护已经对 GSM 的投资。

与 GSM 移动通信方式相比，WCDMA 在技术上的先进性体现在多个方面，具有以下技术特点。

(1) 高系统容量。

WCDMA 属于宽带系统，抗衰落性能好；同时，采用快速功率控制技术，使发射机的发射功率总是处于最小水平，能够较好的克服快速衰落等不利因素对无线信道的影响，保证信道传输质量，从而减少多址干扰。

(2) 多业务种类。

与第二代移动通信系统相比，WCDMA 系统可以依托高速数据传输提供和开展更加丰富的业务种类。从技术实现的角度将主要业务分为两大类：电路域业务(CS)和分组域业务(CS)。其中，电路域业务主要包括普通语音业务和增强型语音业务(如视频电话、VOIP等)；分组域业务主要包括移动互联网业务(如网页浏览、文件下载等)、移动消费类业务(如多媒体邮件、移动 QQ、多媒体短消息(MMS))、基于位置类的业务(如交通导航和合法跟踪等)和个人服务类业务(如音视频点播、移动支付、股票信息等)。

(3) 高数据速率。

现有的第二代移动通信系统(以 GSM 和 IS-95 为代表)主要以提供语音业务为主，即使演进到 2.5G 代，即 GSM 演进到 GPRS 或者 IS-95 演进到 CDMA 2000 1x 后，也只能提供有限的数据传输速率(<307.2 kb/s)。而 WCDMA 的数据速率将比第二代有大幅度的改进，支持语音、分组数据和多媒体业务，能够满足最高速率达 2 Mb/s 的数据吞吐量，当演进到 HSDPA 之后，其峰值速率能达到 14.4 Mb/s。

(4) 更可靠的无线传输。

无线传播环境是复杂的，无线信道也是较恶劣的通信介质。由于它的特性难以预测，一般根据实际测量的数据以统计的方法来表征无线信道模型。通常认为无线信道具有莱斯或瑞利特性，其中瑞利衰落信道是最恶劣的无线信道。同时，频率选择性衰落和多径也是无线传输过程中面临的普遍现象。由于 WCDMA 是宽带信号（信号带宽是 5 MHz），WCDMA 宽带信号可以更好地抗频率选择性衰落，保证传输性能。另外，由于 WCDMA 发射信号带宽比信道的相干带宽更宽，可以采用 RAKE 接收机对多径分量进行分离和合并，使得 WCDMA 具有更好的多径接收处理能力。此外，WCDMA 通过采用发射分集技术，可以更有效地保证无线传输质量。

（5）更高的语音质量。

WCDMA 采用 AMR（自适应多速率）语音编码技术，语音传输速率最高达到 12.2 kb/s。WCDMA 的带宽达到 5 MHz，使得其具有更大的扩频因子，从而带来更高的处理效益；同时，宽带使其具有更强的多径分辨能力，改善 RAKE 接收机性能，通过交织和卷积编码技术也可有效克服传输误码。通过采用这些技术，使得 WCDMA 网络语音质量可接近固定网络的语音质量。

（6）更低的传送功率。

WCDMA 系统具有更高的接收灵敏度，终端需要的发射功率可以降到很低。另外，通过采用快速功率控制技术，可以有效降低发射功率。软切换性能也能提高上行信道的处理增益，同时进一步降低对终端发射功率的要求。一般，WCDMA 语音终端的最大发射功率为 21 dB（毫瓦分贝），在信道较好的条件下进行实测，其发射功率一般小于 0 dBm（1 mW），而 GSM900 的终端最大发射功率则为 33 dBm（约为 2 W）。可见，与 GSM 终端相比，WCDMA 终端的电磁辐射少，对人身体影响很小，是真正意义上的绿色手机。同时由于发射功率低，使得其待机时间更长。

3.2.2　WCDMA 标准发展历程

根据 3GPP 的发展和目前的计划，WCDMA 的发展将经历几个阶段，可以用 3GPP 的版本号来区别，如图 3-2 所示：

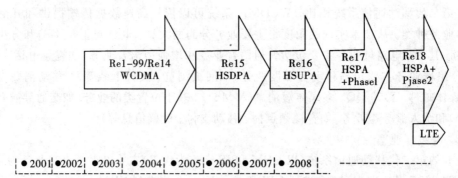

图 3-2　WCDMA 的技术演进路线

3GPP 的 R99 版本在 2000 年 3 月冻结，它最大限度地保护了 GSM 网络在电路域的投资，实现充分的向下兼容，网络的规划和建设与传统的电路网相同。对既有的 GSM 网络运营商而言，这种方式可能带来投资的节省，但系统由于经过一次编/解码转换，增加了语音时延和语音质量的损伤。

R4 版本在 2001 年 3 月冻结，它在电路域引入了软交换，实现了承载与控制相分离的网络结构，实现了类似于 NGN 开放式的网络架构，由 MSC 服务器和 MGW 媒体网关配合，实现了传统的节点式交换机的呼叫接续和控制功能。

R5 版本在 2002 年 8 月功能冻结，在无线接口上引入了高速下行分组接入（HSDPA，High Speed Downlink Packet Access）技术，使得下行传输速率理论上能够达到 14.4Mb/s。在核心网的分组域引入了 IP 多媒体子系统（IMS，IP Multimedia Subsystem）。

R6 版本在 2005 年 3 月功能冻结，在无线接口上引入了用于增强上行分组域数据速率的高速上行分组接入（HSUPA，High Speed Uplink Packet Access）技术。在核心网的分组域进一步完善了 IMS 系统的接口功能。

R7 阶段延续 R6 工作，完善无线接入网络、核心网、空中接口和业务。

在无线接口和无线接入网络侧，增加了对 2.6 GHz，900 MHz、1.7 GHz 等新频段的支持，特别对 TDD 复用方式子集进行增强，包括 TDD 下采用新的码片速率和对上行信道的增强。采用 MIMO 多天线技术提高无线链路增益，增加了系统容量，并对 HSDPA/HSUPA 支持游戏业务进行了定义。开放天线塔与基站之间的接口，研究了分组数据用户在线问题。另外，通过优化信令、减小包头等方式缩短 CS 和 PS 呼叫建立时延和传输时延。

在核心网络，增加 CCCF 实体实现 CS 与 IMS 之间语音呼叫连续性，引入新的功能实体 PCRF 实现 QoS 策略控制和计费系统的融合，在 UE 和 GGSN 之间的用户平面直接建立隧道进行对接。对 MBMS、IMS 多媒体电话、SMS、VGCS、紧急数据呼叫等业务也进行了严格定义，使 IMS 业务得到大大丰富。

R8 阶段力图在现有系统基础架构和空口技术下，通过采用高阶调制、OFDM 和 MIMO，增强 Node B 对切换和无线资源管理的能力、用户平面采用单隧道、增加 Node B 与核心网络接口等方式达到与 LTE 基本相似的系统延时和传输速率，LTE 的峰值速率为上行 50 Mb/s，下行 100 Mb/s。

3.2.3 WCDMA 优势

WCDMA 源于欧洲和日本几种技术的融合，它是基于 GSM 的第三代主流技术，相比其他系统而言，具有如下优势：

• WCDMA 具有很强的兼容性，运营商只需在网络上增添一些软硬件即可使现有的 GSM 升级为 WCDMA，所以采用 WCDMA 可以保护已经对 GSM 的投资。

• WCDMA 系统是宽带直接序列扩展码分多址（DS-CDMA）系统，即用户的信息比特和来自 CDMA 扩频码序列集的伪随机序列比特（也称为码片）相乘，得到频域内的宽带信号。WCDMA 系统采用了变扩频因子和多码传输技术，实现高速的物理连接（达 2 Mb/s）。

• WCDMA 系统的码片速率达 3.84 Mc/s，载波带宽约 5 MHz。WCDMA 的带宽特性支持高速的用户数据传送和更好的多径分集效果。网络运营商可以用多个小区层的方式实现多个 5 MHz 的带宽以增加容量。按照载波间干扰的大小，实际载波的宽度在 4.4～5 MHz 间选择，载波间的空白频带是 200 kHz 的倍数。

• WCDMA 支持变用户速率传输，即可以实现带宽点播（BoD，Bandwidthon Demand）业务，每 10 ms 的用户帧内的速率保持恒定，但是帧与帧间所承载的用户信息量可以变化。这种快速无线容量分配技术由网络控制，以优化分组数据业务的流量。

• WCDMA 支持频分复用（FDD）和时分复用（TDD）。在 FDD 模式下，上行链路和下行链路各占用 5 MHz 的频带，而在 TDD 模式下，上行链路和下行链路时分复用 5 MHz 的频带。

- WCDMA 的基站间采用准同步方式，使得网络拓展到室内和微蜂窝环境时的成本低。
- WCDMA 系统因为采用了导频符号和公共导频信道，所以上行链路和下行链路都采用相关检测。在上行链路上采用相关检测，可以带来上行链路容量和覆盖范围的增加。
- WCDMA 的空中接口定义有助于使用多用户检测和智能天线技术等新技术，网络运营商可以通过在系统中配置新技术来增加容量和覆盖范围。
- WCDMA 网络支持与 GSM 网络的接口。
- 采用软件无线电先进技术，实现智能天线和多用户检测等基带数字信号处理，是系统可以灵活使用新技术的关键，同时也可以降低产品开发周期和成本。

3.2.4　WCDMA 系统未来发展演进

1) WCDMA 的技术发展

未来 WCDMA 技术的发展与 UMTS 技术体系紧密联系，因此提到 WCDMA 总免不了需要先介绍下 UMTS 技术体系。

所谓 UMTS(Universal Mobile Telecommunications System，通用移动通信系统)，指的是欧洲电信标准协会 ETSI 提出的 3G 技术体系。作为一个完整的 3G 移动通信技术体系，UMTS 技术体系中最重要的组成部分是空中接口，但是并不仅限于空中接口，它的主体还包括无线接入网络和分组化的核心网络。UMTS 形成了一个庞大而内部又相对独立的技术体系。

UMTS 技术体系中定义了三种空中接口：基于 FDD 工作方式的 WCDMA、基于 TDD 工作方式的 TD - CDMA 及 TD - SCDMA。其中，WCDMA 是 UMTS 技术体系中最主要的空中接口。由于空中接口技术决定了移动通信系统的特性，因此我们通常把采用 WCDMA 技术的 UMTS 系统简称为 WCDMA 系统，不光包括无线网络，还包括核心网络，下文中也使用这样的简便称呼。

UMTS 技术体系由 3GPP(3rd Generation Partnership Project，3G 伙伴项目)组织负责进行标准化工作。3GPP 是一个全球范围的标准化组织，主要担负 GSM 演进为 WCDMA 过程中标准的研究工作。3GPP 为 UMTS 技术体系制定了一系列的规范，这些规范按时间划定了不同的版本，每个版本都包含相应的功能。UMTS 技术体系到 2010 年已经划定了 8 个版本，按时间顺序分别定名为 R99、R4、R5、R6、R7、R8、R9 和 R10。表 3 - 2 列出了 UMTS 各个版本的简要特点。具体内容请参见 3.2.2 节。

表 3 - 2　UMTS 各个版本的简要特点

版本	发布年份	无线侧	核心侧	下行最高速率	上行最高速率
R99	2000	引入 WCDMA	同 GPRS 网络	384 kb/s	64 kb/s
R4	2001	引入 TD - SCDMA	电路交换域引入 MSS	384 kb/s	64 kb/s
R5	2002	引入 HSDPA	引入 IMS 域	14.4 Mb/s	384 kb/s
R6	2004	引入 HSUPA	引入 MBMS，IMS 域完善	14.4 Mb/s	5.8 Mb/s
R7	2007	引入 HSPA+	IMS 域完善	28 Mb/s	11.5 Mb/s
R8	2008	引入两重载波 HSPA+	IMS 域完善	42 Mb/s	11.5 Mb/s
R9	2009	引入多重载波 HSPA+	IMS 域完善	84 Mb/s	23 Mb/s
R10	2010	引入 4 重载波 HSPA+	IMS 域完善	168 Mb/s	23 Mb/s

2) UMTS 技术体系的长期发展

除了在 WCDMA 技术上持续发展外，为了应对诸如 WiMAX（Worldwide Interoperability for Microwave Access，全球互操作式微波接入）等竞争技术的挑战以及面向未来的 4G 技术，3GPP 还制定了 UMTS 技术体系的长远发展计划。2004 年 3GPP 启动了三项长期的研究计划，以保持 UMTS 技术体系在未来 10 年的技术领先实力。这三项长期的研究计划就是 AIPN（All IP Network，全 IP 网络）、LTE（Long Term Evolution，长期演进标准）和 SAE（System Architecture Evolution，系统架构演进）。OTS（One Tunnel Solution，单一隧道方案）是 SAE 的第一阶段，将在 RNC 和 GGSN 之间建立直接的业务连接，这对提升处理宽带多媒体数据的效率，提高数据业务的吞吐率大有好处。当然，其中最值得关注的是与无线网络相关的 LTE。LTE 最显著的特点是采用 OFDM 技术，并使用最大达 20 MHz 的带宽，同时结合 HSPA＋中已经采用的 MIMO、高阶调制以及干扰抵消技术，以期达到下行 100 Mb/s 和上行 50 Mb/s 的目标。UMTS 技术体系中无线技术部分的发展规划如图 3－3 所示，图中还一并展示了 HSPA 和 HSPA＋技术的发展历程。此外，从网络结构上看，LTE 无线网络取消了无线网络的中间节点，各个基站直接与核心网络连接，网络结构扁平化。因此，虽然从名称上看 LTE 还是声称为演进，但是从网络架构上看其实 LTE 是对 WCDMA 技术的一种颠覆。

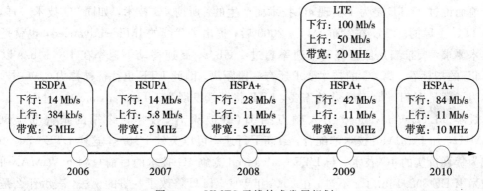

图 3－3　UMTS 无线技术发展规划

观察 UMTS 技术体系中无线技术的发展方向后，我们可以明显地体会到 3GPP 稳健发展的一面，也就是新技术往往都是在比较成熟甚至已经商用的情况下引入的。比如，CDMA 技术引入 UMTS 是在 IS－95 已经商用的情况下，HSDPA 技术的引入是在 1x EV－DO 已经商用的背景下进行的，而 OFDM 技术是 WiMAX 已经商用的情况下引入的。当然，3GPP 也对各项技术做了针对性的调整和改进。

另外，我们也可以看到，为了实现共同的传输高速数据的目标，各种技术方案和技术体系从实现方案上都逐渐趋同，殊途同归了。目前，LTE 的标准化过程正在进行中，3GPP 从 UMTS 的 R8 开始（也就是 2008 年），就已经纳入了 LTE 的相关规范，并也有 R9 和 R10 等后续版本。2010 年是 LTE 的商用元年，北欧等地已经有 LTE 的商用网络，美国 Verizon 也于该年底实现了 LTE 的商用；2011 年 3 月，第一款支持 LTE 的手机也正式面市，LTE 的发展也就此正式起步。

3) LTE 与 4G

3G 技术之后就是 4G 技术，随着 3G 技术的广泛应用，4G 技术也逐渐浮出水面。移动通信从 3G 技术发展到 4G 技术，需要先经过后 3G 这个阶段。后 3G 移动通信技术种类也有不少，除 LTE 外，还有 WiMAX(IEEE 802.16e)等。近年来，随着各大运营商对后 3G 移动通信技术的选择日益明朗，其他技术或停止发展，或向 LTE 技术靠拢，以 LTE 为代表的技术逐步取得了后 3G 技术的主流地位。例如，CDMA 2000 1x 技术体系原计划从 1x EV-DO 发展到 UMB(Ultra Mobile Broadband，超级移动宽带)，但是目前已经放弃该计划，转而直接采用 LTE 作为后续技术。各种 3G 制式演进到 LTE 的过程如图 3-4 所示，其中 LTE 又分为 TDD 与 FDD 两种双工方式。

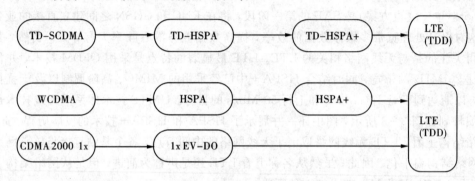

图 3-4　各种 3G 制式演进到 LTE 的过程

前面说过，LTE 是为了实现 4G 技术而产生的。所谓 4G 技术，如同 3G 技术一样，也是由 ITU 主导的。ITU 在发布 IMT-2000 后，提出了后续的 IMT-advanced，也就是 4G 的技术要求，要求满足低速移动下速率超过 1 Gb/s，高速移动下速率在 100 Mb/s 以上。从 LTE 的指标看，离 4G 的技术要求还有一段距离，因此 LTE 也往往被称为 3.9G 技术。

为了满足 IMT-advanced 的需要，LTE 将继续发展为 LTE-advanced，对应 LTE 的 R10 版本。LTE-advanced 引入频点捆绑（载波聚合）技术，终端的最高带宽可达 100 MHz，加上 MIMO 技术的配合，最高下行速率可以突破 1Gb/s，这样 LTE-advanced 将成为货真价实的 4G 技术。与 LTE-advanced 竞争 4G 技术的目前只剩下 WiMAX 的后续技术 IEEE 802.16m 了。不过，在 2010 年年底，ITU 修改了一贯的说法，表示什么是 4G 技术并没有明确的定义，所有的后 3G 技术都可以理解为采用了 4G 技术。这样就大大拓宽了 4G 技术的范畴，从 LTE、WiMAX 到 HSPA＋，都可以纳入到 4G 的范围。这种做法明显受到运营商以及终端厂商的欢迎。2012 年，尽管严格意义上的 4G 网络还在研发过程中，市场上冠以 4G 名号的终端以及网络已经是百花齐放了。

总而言之，WCDMA 遵循 WCDMA、HSPA、LTE 的演进路线。具体演进方向为：网络结构向全 IP 化发展，业务向多样化、多媒体化和个性化方向发展，无线接口向高速传送分组数据发展，小区结构向多层次、多制式重复覆盖方向发展，用户终端向支持多制式、多频段方向发展。

3.3　TD-SCDMA 移动通信系统

2001 年 3 月，3GPP 通过 R4 版本，由我国大唐电信公司提出的 TD-SCDMA 被接纳为世界第三代移动通信(3G)的三个主要标准之一。这表明我国移动通信制造业已经开始从技术跟踪进入技术创新阶段，为今后我国真正建立起移动通信领域的核心竞争能力奠定了基础。TD – SCDMA 具备 TDD – CDMA 的一切特征，能够满足 3G 系统的要求，可在室内/外环境下进行语音、传真及各种数据业务。

TD – SCDMA 接入方案是 DS – CDMA（直接序列扩频码分多址），扩频带宽为 1.6 MHz，采用不需配对频率的 TDD（时分双工）工作模式。在 TD – SCDMA 中，除了采用 DS – CDMA 外，它还具有 TDMA 的特点，因此经常将 TD – SCDMA 的接入模式表示为 TDMA/CDMA。

3.3.1　TD – SCDMA 概述

TD – SCDMA 的全称是时分同步码分多址接入（Time Division – Synchronous Code Division Multiple Access）系统，如图 3 – 5 所示。TD – SCDMA 系统的多址方式很灵活，可以看做是 FDMA、TDMA、CDMA 的有机结合。

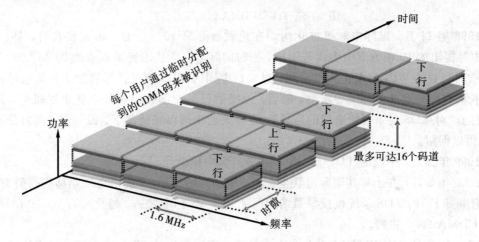

图 3 – 5　TD – SCDMA 多址技术

TD – SCDMA 的技术特点主要有：

（1）系统采用时分双工（TDD）、TDMA/CDMA 多址方式工作，基于同步 CDMA、智能天线、多用户检测（JD）、正交可变扩频系数、Turbo 编码技术、CDMA 等新技术，工作于 2010 MHz 到 2025 MHz 之间。

（2）系统基于 GSM 网络，使用现有的 MSC，对 BSC 只进行软件修改，使用 GPRS 技术。系统可以通过 A 接口直接连接到现有的 GSM 移动交换机上，支持基本业务并通过 Gb 接口支持数据包交换业务。

（3）系统基站采用高集成度、低成本设计，采用 TD – SCDMA 的物理层和基于修改后的 GSM 二、三层，并支持基本的 GPRS 业务。

（4）采用双频双模（GSM900 和 TD – SCDMA）终端，支持 TD – SCDMA 系统内切换，并支持 TD – SCDMA 到 GSM 系统的切换。在 TD – SCDMA 系统覆盖范围内优先选用 TD – SCDMA 系统，在 TD – SCDMA 系统覆盖范围以外采用现有的 GSM 系统。

3.3.2　TD – SCDMA 标准发展历程

TD – SCDMA 标准发展历程如图 3 – 6 所示。

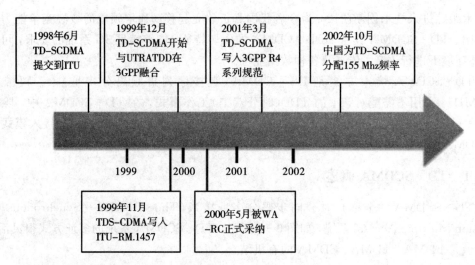

图 3-6　TD-SCDMA 标准发展历程

1998 年 11 月，国际电联标准化组织在伦敦召开第 15 次会议，确定要在日、韩、美、欧、中等提出的 10 项方案中淘汰若干项。当时国际电联内代表美国利益的 CDMA 2000 和代表欧洲利益的 WCDMA 正斗得激烈，对来自中国的 TDS 更是排斥有加。原邮电部科技司司长周寰向信息产业部领导求助，随后，中国信息产业部致函各外企驻中国机构，提醒他们注意"对 TDS 封杀可能造成的后果"。在巨大的中国市场诱惑下，最年轻、实力最弱的 TDS 得以保留。

1999 年 2 月，中国的 TD-SCDMA 在 3GPP 中标准化。

2000 年 5 月，在土耳其国际电联全会上，中国大唐集团（即前信息产业部科技研究院，周寰任董事长）的 TDS 系统被投票采纳为国际三大 3G 标准之一，与欧洲的 WCDMA 和美国的 CDMA 2000 并列。

2001 年 3 月，3GPP 第 11 次全会正式接纳由中国提出的 TD-SCDMA 第三代移动通信标准全部技术方案。被 3GPP 接纳，标志着 TD-SCDMA 已被全球电信运营商和设备制造商所接受。

2002 年 10 月，信息产业部通过【2002】479 号文件公布 TD-SCDMA 频谱规划，为 TD-SCDMA 标准划分了总计 155 MHz(1880 MHz～1920 MHz、2010 MHz～2025 MHz 及补充频段 2300 MHz～2400 MHz)的非对称频段。

TD-SCDMA 的演进特点如下：

(1) 自主的知识产权，可以避免西方国家的技术壁垒；

(2) TD-SCDMA 的发展可以拉动上下游经济；

(3) TD-SCDMA 可以保障国家的通信安全；

(4) TD-SCDMA 可以保证技术的可持续性发展。

TD-SCDMA 的演进可分为如图 3-7 所示的三个阶段，其中：

(1) HSDPA：在下行链路中引入自适应调制与编码、快速混合自动重传、短时隙结构、快速调度等新技术。在不改变现有网络结构的情况下，通过对 UMTS 系统平滑升级，可以将下行链路峰值提高到 10.8 Mb/s～14.4 Mb/s，并通过减少延迟来提高服务质量。

① HSDPA 标准化工作已于 2004 年 6 月基本完成，2006 年开始商用。

②基于 TD‑SCDMA 的 HSDPA 标准化工作已经结束，多家设备厂商推出了商用系统。

③2005 年 1 月，第一个 HSDPA 商用化端对端呼叫完成。

(2) HSUPA：利用多码传输、基站控制调度、快速混合重传、短时隙结构等新技术对上行传输链路进行扩充，可达 5.76 Mb/s。

①标准化工作于 2005 年 6 月冻结。

②尚没有商用报告。

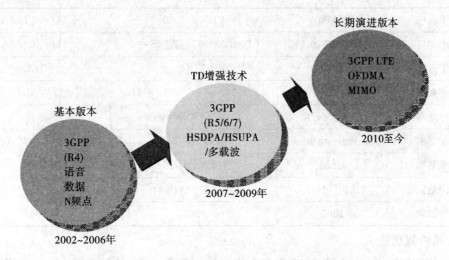

图 3‑7　TD‑SCDMA 演进的三个阶段

3.3.3　技术比较

首先介绍一下 WCDMA 和 CDMA 2000 的技术特点。

(1) WCDMA 的技术特点主要有：

①基站同步方式：支持异步和同步的基站运行方式，组网方便、灵活。

②支持高速数据传输(慢速移动时 384 kb/s，室内走动时 2 Mb/s)，支持可变速传输，帧长为 10 ms，码片速率为 3.84 Mc/s。

③接入方式：DS‑CDMA 方式。

④高码片速率(3.84 Mc/s)，能提供更大的多路径分集、更高的中继增益和更小的信号开销，也提供了 RAKE 接收的可能。

⑤快速功率控制大大减少了系统的多址干扰，提高了系统容量，同时也降低了传输功率。

⑥核心网络基于 GSM/GPRS 网络的演进，并保持与 GSM/GPRS 网络的兼容性。

⑦支持软切换和更软切换。切换方式包括三种：扇区间软切换、小区间软切换和载频间硬切换。

(2) CDMA 2000 的技术特点主要有：

①采用 1.2288 Mc/s 直接扩频的方式。

②射频带宽从 1.25 MHz 到 20 MHz 可调。

③信道采用 64Walsh 码划分。

④ 采用相同 M 序列加扰，通过不同的相位偏置区分不同的小区和用户。

⑤ 核心网络采用 ANSI - 41 网络的演进，并保持与 ANSI - 41 网络的兼容性。

⑥ 支持软切换和更软切换。

⑦ 快速前向和反向功率控制的采用使得语音容量相对于 IS - 95 大幅提升(IS - 95 的单载波大约 20 个用户，CDMA 2000 大约 36 个用户)。

下面对 WCDMA、CDMA 2000 以及 TD - SCDMA 技术进行比较，如表 3 - 3 所示。

表 3 - 3　WCDMA、CDMA 2000、TD - SCDMA 技术比较

技术名称	WCDMA	CDMA 2000	TD - SCDMA
空中接口	WCDMA	CDMA 2000，兼容 IS - 95	TD - SCDMA
双工方式	FDD	FDD	TDD
频带宽度	5 MHz	$1.25M \times n(n=1,3,6)$Hz	1.6 MHz
码片速率	3.84 Mc/s	$(1.2288 \times n)$ Mc/s	1.28 Mc/s
同步要求	同步/异步	GPS 同步	同步(GPS 或其他方式)
继承基础	GSM	带 CDMA	GSM
采用地区	欧洲、日本	北美、韩国	中国
商用试验	2001	2000	2007

1. 用户量比较

(1) WCDMA 和 CDMA 2000 都是干扰受限的系统，实际的用户数小于码道资源。

(2) TD - SCDMA 由于采用了联合检测和智能天线技术，实际的用户数接近码道资源。

(3) WCDMA 和 CDMA 2000 采用的是软切换技术，消耗部分网络资源，在容量上须考虑网络软切换比例。

(4) TD - SCDMA 采用类似硬切换的接力切换，所以无需考虑软切换比例，但是没有软切换增益。

2. 覆盖范围比较

(1) 基站的覆盖范围主要由上、下行链路的最大允许损耗和无线传播环境决定。在工程上一般通过上、下行链路预算来估算基站的覆盖范围，由于 TD - SCDMA 采用 TDD 方式，在覆盖上受 GP(上下行保护时隙)影响，所以超远覆盖的基站需要牺牲容量得以实现。

(2) WCDMA 和 CDMA 2000 中不同速率业务的覆盖半径不同，速率越高，覆盖半径越小。

(3) TD - SCDMA 不同速率的业务覆盖半径比较接近。

3. 网络规格比较

(1) WCDMA、TD - SCDMA、CDMA 2000 1x 的覆盖规划流程基本相同。

(2) 链路预算中三者不同之处在于 WCDMA 和 CDMA 2000 的各种速率业务的覆盖半径不同，规划当中需要考虑。

(3) TD - SCDMA 中各种不同业务速率的覆盖半径接近，所以规划相对简单。

3.3.4　TD – SCDMA 优势

TD – SCDMA 是 TDD 与 CDMA、TDMA 技术的完美结合，它所提供的高性能主要体现在 TD – SCDMA 有最高的频谱利用率上，通过采用时分、频分、码分以及空分多址技术，其频率利用率、系统容量得以大幅度提高。此外，TD – SCDMA 还是一种低成本系统。实现高性能和低成本的主要原因是使用了如下技术：

（1）采用时分双工（TDD）技术，只需一个 1.6 MHz 带宽，而以 FDD 为代表的 CDMA 2000 需要 1.25 MHz×2 MHz 带宽，WCDMA 需要 5 MHz×2 MHz 才能通信。另外，TD – SCDMA 无需成对频段，适合多运营商环境，同时不需要双工器，可简化射频电路，系统设备和手机成本较低。

（2）采用智能天线、联合检测和上行同步等大量先进技术，可以降低发射功率，减少多址干扰，提高系统容量，简化基站硬件，降低无线基站成本；采用"接力切换"技术，可克服软切换大量占用资源的缺点。

（3）采用 TDMA 更适合传输下行数据速率高于上行的非对称因特网业务。

（4）采用先进的软件无线电技术，实现了智能天线和多用户检测等基带数字信号处理，这是系统可以灵活使用新技术的关键，同时也可以降低产品开发周期和成本。

3.3.5　TD – SCDMA 系统未来发展演进

TD – SCDMA 演进可分为短期演进和长期演进。

短期演进主要是为支持高速数据业务而提出的高速分组接入（HSPA）技术，主要包括高速下行分组接入（HSDPA）和高速上行分组接入（HSUPA）技术，可视为 3.5G 技术。

长期演进（LTE）则是基于正交频分复用（OFDM）技术，OFDM 系统的最主要优点是其具有高频谱利用率和很强的抗多径时延能力。目前物理层、MAC 层以及上层协议和标准化工作还在讨论中，网络结构基于"扁平"式以减少时延及快速自适应无线状况。

1. 可视电话业务

移动可视电话是一种同时使用视频和话音的点对点通信业务，在两个移动终端、移动终端和固定视频电话或者 PC 机之间实现视频、音频的双向实时交流，如图 3 – 8 所示。

图 3 – 8　TD – SCDMA 可视电话业务

2. 移动银行业务

如果附近的地方既没有银行，也没有计算机，而又急于给家里人汇款的时候该怎么办？这时只需拿出口袋里的手机，按几个键就能轻松解决。将具有 IC 芯片的手机放在银行的现金自动提款机前，即可与现金卡一样取出现金，而且仅仅靠键盘操作就可以进行账户确认与转移。这些便捷新颖的金融服务是靠在手机里安装专用芯片，使账户确认、转移、取现金等银行业务在不受时间与空间限制的情况下就可以进行。这类服务还可以用在信用卡、check 卡、交通卡等上面，如图 3-9 所示。

图 3-9　TD-SCDMA 移动银行业务

3. 移动流媒体业务

流媒体是指用户通过网络或者特定数字信道边下载、边播放多媒体数据的一种工作方式。流媒体应用的一个最大好处是用户不需要花费很长时间将多媒体数据全部下载到本地后才能播放，而仅需将起始几秒的数据先下载到本地的缓冲区中就可以开始播放，后面收到的数据会源源不断输入到该缓冲区，从而维持播放的连续性。

手机电视、视频点播、现场监控等都是典型的流媒体业务，如图 3-10 所示。

图 3-10　TD-SCDMA 移动流媒体业务

4. 定位业务

基于位置的业务(LBS，Location-Based Services)又称移动位置业务或定位业务，是指移动网络通过特定的定位技术获取移动终端的地理位置信息(经纬度坐标)，提供给移动用户本人、通信系统或第三方，并借助一定的电子地图信息的支持为移动用户提供与其位置相关的呼叫或非呼叫类业务。例如就近服务、移动黄页、交通信息、物流（即长途水、陆、客、货运）、交通、公安、政府等服务以及车船监控等，如图 3 - 11 所示。

图 3 - 11　TD - SCDMA 定位业务

5. 多媒体会议业务

利用移动手机的彩色的、具有 QoS（服务质量）保证的多媒体会议具有预约和计划功能，用户可拨号预约参加会议，也可自动预约（即媒体服务器呼叫每一个计划中的参加者，然后在约定的时间建立自动的会议呼叫）。此外，用户可选择与呈现业务相结合的会议，即媒体服务器自动邀请会议参加者，一旦他们的呈现状态显示他们可以参加后，就可建立会议，如图 3 - 12 所示。

图 3 - 12　TD - SCDMA 多媒体会议业务

第 4 章　CDMA 2000 基本原理

　　CDMA 2000 是 CDMA One 的一种演进，即外推 IS－95 的空中接口技术规范使之符合 IMT－2000 的要求，并作为第 3 代蜂窝系统标准之一。CDMA 2000 支持向后兼容 IS－95。

　　CDMA 2000 接受单载波和多载波实现方案。它也提议了两种双工方式：FDD 和 TDD。FDD 和 TDD 的物理层信道是相同的，然而，FDD 首先实现。

4.1　CDMA 2000 的体系结构

　　以 MS 为例的 CDMA 2000 的体系结构如图 4－1 所示。CDMA 2000 标准中的内容就是按照这种层次结构组织起来的，本文的结构也是如此，当然这只是抽象的概念模型，和物理实现方式并无强制的约束。

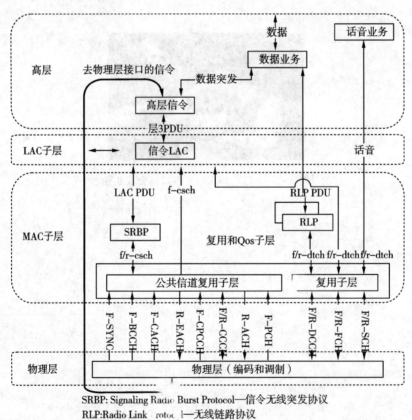

SRBP: Signaling Radio Burst Protocol——信令无线突发协议
RLP:Radio Link Protocol——无线链路协议

SRBP：Singnding Radio Burst Protocol——信令无线室发协议
RLP：Rodio Link Protocol——无线链路协议

图 4－1　CDMA 2000 体系结构（MS 侧）

如图 4-1 所示，CDMA 2000 的物理层处于其体系结构的最底层，完成高层信息与空中无线信号间的相互转换；几乎 CDMA 2000 的所有特点和优点都通过它来保证并体现，它是这种无线通信系统的基础。为了满足 3G 业务的需求，并实现从现有 2G 的 CDMA 技术的平滑演进，CDMA 2000 相对于 2G 的 CDMA 标准提出了更多种类的物理信道。对于它们的应用可以非常灵活，当然复杂度也相应增加了，这就需要对它们有准确全面的了解。因此，这部分将主要按不同信道的划分来介绍物理层。

CDMA 的物理信道分为前向信道和反向信道：前向信道提供基站到各移动台的通信支持；反向信道提供移动台到基站的通信支持。

在介绍之前，先了解一下几个基本概念。首先是"扩谱速率"，即"Spreading Rate"，以下简称"SR"，它指的是前向或反向 CDMA 信道上的 PN 码片速率。本文中 SR 有两种：

一种为 SR1，也通常记做"1X"，SR1 的前向和反向 CDMA 信道在单载波上都采用码片速率为 1.2288 Mchip/s 的直接序列(DS)扩谱。

另一种为 SR3，也通常记做"3X"，SR3 的前向 CDMA 信道有 3 个载波，每个载波上都采用 1.2288 Mchip/s 的 DS 扩谱，总称多载波(MC)方式；SR3 的反向 CDMA 信道在单载波上都采用码片速率为 3.6864 Mchip/s 的 DS 扩谱。

下面再介绍一下"无线配置"的概念。无线配置即"Radio Configuration"，以下简称为"RC"。RC 指一系列前向或反向业务信道的工作模式，每种 RC 支持一套数据速率，其差别在于物理信道的各种参数，包括调制特性和扩谱速率等。

4.2　传输信道和物理信道

4.2.1　前向链路(FL)物理信道

前向链路以下简称"FL"，它所包括的物理信道如图 4-2 所示。这些信道由适当的 Walsh 函数或准正交函数(Quasi-Orthogonal Function，简称 QOF)进行扩谱。Walsh 函数用于 RC1 或 RC2；Walsh 函数或 QOF 用于 RC3 到 RC9。CDMA 2000 采用了变长的 Walsh 码，对于 SR1，最长可为 128；对于 SR3，最长可为 256。

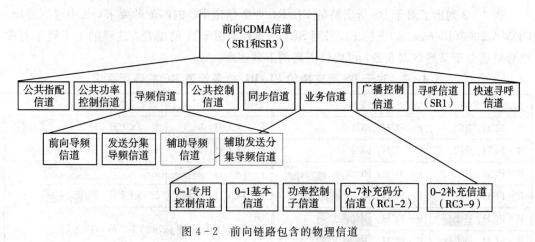

图 4-2　前向链路包含的物理信道

如果 BS 在前向 CDMA 信道上发送了 F-CCCH，则它必须还在此 CDMA 信道上发送 F-BCCH。

FL 业务信道的 RC 及其特性如表 4-1 所示。注意：对于 RC3 到 RC9，F-DCCH 和 F-FCH 也允许 9600 b/s、5 ms 帧的方式。

表 4-1　FL 业务信道 RC 和 SR

RC	SR	最大数据速率/(Kb/s)	前向纠错编码(FEC)速率(帧长)	FEC 方式	允许发送分集(TD)	调制方式
1*	1	9 600	1/2	卷积码	否	BPSK
2*	1	14 400	1/2	卷积码	否	BPSK
3	1	153 600	1/4	卷积/Turbo 码	是	QPSK
4	1	307 200	1/2	卷积/Turbo 码	是	QPSK
5	1	230 400	1/4	卷积/Turbo 码	是	QPSK
6	3	307 200	1/6	卷积/Turbo 码	是	QPSK
7	3	614 400	1/3	卷积/Turbo 码	是	QPSK
8	3	460 800	1/4(20 ms) 或 1/3(5 ms)	卷积/Turbo 码	是	QPSK
9	3	1 036 800	1/2(20 ms) 或 1/3(5 ms)	卷积/Turbo 码	是	QPSK
* RC1 和 RC2 分别对应 TIA/EIA-95-B 中的速率集(RateSet)1 和 2(后向兼容)。						

对于 SR1，BS 可以在 FL 信道上支持正交发送分集(OTD)模式或空时扩展模式(STS)这两种分集方式，当然也可以不采用它们。而对于 SR3，BS 可以通过在不同的天线上发送载波来实现 FL 信道的分集，当然这种方式也并非必须的。

对于 FL 的 RC 而言，BS 必须支持在 RC1、RC3 或 RC7 中的操作，这 3 种 RC 是最基本的 RC。BS 还可以支持在 RC2、RC4、RC5、RC6、RC8 或 RC9 中的操作。支持 RC2 的 BS 必须支持 RC1；支持 RC4 或 RC5 的 BS 必须支持 RC3；支持 RC6、RC8 或 RC9 的 BS 必须支持 RC7。

BS 不能在 FL 业务信道上使用 RC1 或 RC2 的同时使用 RC3、RC4 或 RC5。

表 4-2 列出了对于 BS 所支持的 FL/RL 业务信道 RC 的匹配的要求，从中可以看出，CDMA 2000(Release A)支持 FL 采用 SR3 与 RL 采用 SR1 的组合，这样的上下行不对称组合更适合于某些数据业务，可提供更高的下载速率。

表 4-2　对于 BS 所支持的 FL/RL 业务信道 RC 的匹配要求

如果 BS 支持	则 BS 必须支持	如果 BS 支持	则 BS 必须支持
R-FCH：RC1	F-FCH：RC1	R-DCCH：RC3	F-DCCH：RC3, 4, 6 或 7
R-FCH：RC2	F-FCH：RC2	R-DCCH：RC4	F-DCCH：RC5, 8 或 9
R-FCH：RC3	F-FCH：RC3, 4, 6 或 7	R-DCCH：RC5	F-DCCH：RC6 或 7
R-FCH：RC4	F-FCH：RC5, 8 或 9	R-DCCH：RC6	F-DCCH：RC8 或 9
R-FCH：RC5	F-FCH：RC6 或 7	说明：表中由阴影标出的 RC 值对应 SR3	
R-FCH：RC6	F-FCH：RC8 或 9		

下面我们将对 FL 物理信道逐个进行介绍。

1. FL 导频信道

FL 中的导频信道包括：F-PICH、F-TDPICH、F-APICH 和 F-ATDPICH，它们都是未经调制的扩谱信号。BS 发射它们的目的是使在其覆盖范围内的 MS 能够获得基本的同步信息，也就是各 BS 的 PN 短码相位的信息，并根据它们进行信道估计和相干解调。

如果 BS 在 FL CDMA 信道上使用了发送分集方式，则它必须发送相应的 F-TDPICH。如果 BS 在 FL 上应用了智能天线或波束赋形，则可以在一个 CDMA 信道上产生一个或多个（专用）辅助导频（F-APICH），用来提高容量或满足覆盖上的特殊要求（如定向发射）。当使用 F-APICH 的 CDMA 信道采用了分集发送方式时，BS 应发送相应的 F-ATDPICH。

F-PICH 占用了 Walsh 函数 W_0^{64} 对应的码分信道。码分信道 W_{64k}^{N}（$N>64$，k 满足 $0\leqslant 64k\leqslant N$，且 k 为整数）不能再被使用。

如果使用 F-TDPICH，它将占用码分信道 W_{16}^{128}，并且发射功率小于或等于相应的 F-PICH。

如果使用了 F-APICH，它将占用码分信道 W_n^N，其中 $N\leqslant 512$，且 $1\leqslant n\leqslant N-1$，$N$ 和 n 的值由 BS 指定。

如果 F-APICH 和 F-ATDPICH 联合使用，则 F-APICH 占用码分信道 W_n^N，F-ATDPICH 占用码分信道 $W_{n+N/2}^N$，其中 $N\leqslant 512$，且 $1\leqslant n\leqslant N/2-1$，$N$ 和 n 的值由 BS 指定。

2. FL 同步信道

同步信道 F-SYNC 是经过编码、交织、扩谱和调制的信号。MS 通过对它的解调可以获得长码状态、系统定时信息和其他一些基本的系统配置参数，包括：BS 当前使用的协议的版本号，BS 所支持的最小的协议版本号，网络和系统标识，频率配置，系统是否支持 SR1 或 SR3，如果支持，所对应的发送开销（overhead）信息的信道的配置情况，等等。有了这些信息，MS 可以使自身的长码及时间与系统同步，这样才能够去解调经过长码扰码的 FL 信道；然后 MS 可以根据自身所支持的版本及功能来选择怎样进行操作，例如支持 SR3 的 MS 若发现 BS 也支持 SR3，便可以按 F-SYNC 上给出的参数进一步解调发送开销信息的公共信道，如 F-BCCH。

F-SYNC 占用了 W3264 对应的码分信道。在 SR3 中，BS 按照协议的规定，从"同步信道优先集"（Sync Channel Preferred Set）中选择一个载波发送 F-SYNC。

3. FL 寻呼信道

寻呼信道 F-PCH 是经过编码、交织、扰码、扩谱和调制的信号。MS 可以通过它获得系统参数、接入参数、邻区列表等系统配置参数，这些属于公共开销信息。当业务信道尚未建立时，MS 还可以通过 F-PCH 收到诸如寻呼消息等针对特定 MS 的专用消息。F-PCH 是和 CDMA One 兼容的信道，在 CDMA 2000 中，它的功能可以被 F-BCCH、F-QPCH 和 F-CCCH 取代并得到增强。基本上，F-BCCH 发送公共系统开销消息；F-QPCH 和 F-CCCH 联合起来发送针对 MS 的专用消息，提高了寻呼的成功率，同时降低了 MS 的功耗。详细情况参见后面相关的部分。

F-PCH 可占用 W_1^{64} 到 W_7^{64} 对应的连续 7 个码分信道，但基本的 F-PCH 占用 W_1^{64}。

4. FL 广播控制信道

广播控制信道 F-BCCH 是经过编码、交织、扰码、扩谱和调制的信号。BS 用它来发送系统开销信息（例如原来在 F-PCH 上发送的开销信息），以及需要广播的消息（例如短消息）。

F-BCCH 的发送速率最高可达 19 200 b/s，它可以工作在非连续方式，断续的基本单位为广播控制信道时隙。

当 F-BCCH 工作在较低的数据速率时，例如 4800 b/s，即时隙周期为 160 ms，40 ms 帧在每时隙内重复 3 次，这时 F-BCCH 可以以较低的功率发射，而 MS 则通过对重复的信息进行合并来获得时间分集的增益；减小 F-BCCH 的发射功率对于提高 FL 的容量是有帮助的。

如果在 SR1，FEC 编码 $R=1/2$ 的条件下使用 F-BCCH，它将占用码分信道 W_n^{64}，其中 $1 \leqslant n \leqslant 63$，$n$ 的值由 BS 指定。如果在 SR1，FEC 编码 $R=1/4$ 的条件下使用 F-BCCH，它将占用码分信道 W_n^{32}，其中 $1 \leqslant n \leqslant 31$，$n$ 的值由 BS 指定。如果在 SR3 的条件下使用 F-BCCH，它将占用码分信道 W_n^{128}，其中 $1 \leqslant n \leqslant 127$，$n$ 的值由 BS 指定。当然，上面所提到的 n 的选择还应保证不和其他已分配的码分信道资源冲突。

值得注意的是，虽然 F-BCCH 可占用的码分信道较多，但在同一导频 PN 偏置下它的长码掩码却最多有 8 种，因为 BCCH 长码掩码中的 BCCH 信道号占 3 个 bit。

5. FL 快速寻呼信道

快速寻呼信道 F-QPCH 是未编码的、扩谱的开关键控（OOK）调制的信号。BS 用它来通知在覆盖范围内的、工作于时隙模式的、处于空闲状态的 MS，是否应该在下一个 F-CCCH 或 F-PCH 的时隙上接收 F-CCCH 或 F-PCH。使用 F-QPCH 的目的，最主要的是使 MS 不必长时间地监听 F-PCH，从而达到延长 MS 待机时间的目的。图 4-3 为 F-QPCH 时隙的划分。

为实现上面的这个目的，F-QPCH 采用了 OOK 调制方式，MS 对它的解调可以非常简单迅速。如图 4-3 所示，F-QPCH 采用 80 ms 为一个 QPCH 时隙，每个时隙又划分成了寻呼指示符（PI：Paging Indicators）、配置改变指示符（CCI：Configuration Change Indicators)和广播指示符（BI：Broadcast Indicators)。下面对它们分别介绍：

(1) 寻呼指示符 PI 的作用是用来通知特定的 MS 在下一个 F-CCCH 或 F-PCH 上有寻呼消息或其他消息。当有消息时，BS 将该 MS 对应的 PI 置为'ON'，MS 被唤醒；否则 PI 置为'OFF'，MS 继续进入低功耗的睡眠状态。

(2) 广播指示符 BI 只在第 1 个 QPCH 上有。当 MS 用于接收广播消息的 F-CCCH 的时隙上将要有内容出现时，BS 就把对应于该 F-CCCH 时隙的 F-QPCH 时隙中的 BI 置为'ON'；否则置为'OFF'。

(3) 配置改变指示符 CCI 只在第 1 个 QPCH 上有。当 BS 的系统配置参数发生改变后的一段时间内，BS 将把 CCI 置为'ON'，以通知 MS 重新接收包含系统配置参数的开销消息。

如果在 SR1 中使用 F-QPCH，它将依次占用码分信道 W_{80}^{128}、W_{48}^{128} 和 W_{112}^{128}。如果在 SR3 的条件下使用 F-QPCH，它将占用码分信道 W_n^{256}，其中 $1 \leqslant n \leqslant 255$，$n$ 的值由 BS 指定。

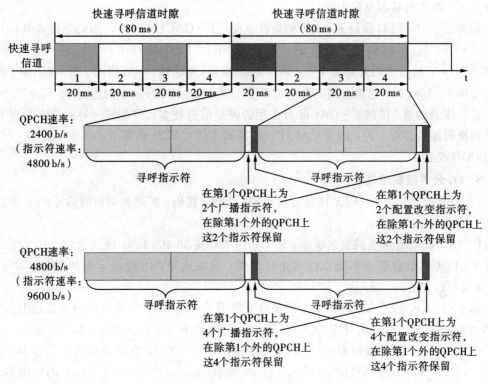

图 4 - 3　F - QPCH 时隙的划分

6. FL 公共功率控制信道

FL 公共功率控制信道 F - CPCCH 的目的是对多个 R - CCCH 和 R - EACH 进行功控。BS 可以支持一个或多个 F - CPCCH，每个 F - CPCCH 又分为多个功控子信道（每个子信道一个比特，相互间时分复用），每个功控子信道控制一个 R - CCCH 或 R - EACH。

公共功控子信道用于控制 R - CCCH 还是 R - EACH 取决于工作模式。当工作在功率受控接入模式（Power Controlled Access Mode）时，MS 利用指定的 F - CPCCH 上的子信道控制 R - EACH 的发射功率。当工作在预留接入模式（Reservation Access Mode）或指定接入模式（Designated Access Mode）时，MS 利用指定的 F - CPCCH 上的子信道控制 R - CCCH 的发射功率。

如果在 SR1，非发送分集的条件下使用 F - CPCCH，它将占用码分信道 W_n^{128}，其中 $1 \leqslant n \leqslant 127$，$n$ 的值由 BS 指定。如果在 SR1，OTD 或 STS 的方式下使用 F - CPCCH，它将占用码分信道 W_n^{64}，其中 $1 \leqslant n \leqslant 63$，$n$ 的值由 BS 指定。如果在 SR3 的条件下使用 F - CPCCH，它将占用码分信道 W_n^{128}，其中 $1 \leqslant n \leqslant 127$，$n$ 的值由 BS 指定。

7. FL 公共指配信道

公共指配信道 F - CACH 专门用来发送对 RL 信道快速响应的指配信息，提供对 RL 上随机接入分组传输的支持。F - CACH 在预留接入模式中控制 R - CCCH 和相关的 F - CPCCH 子信道，并且在功率受控接入模式下提供快速的证实，此外还有拥塞控制的功能。BS 也可以不用 F - CACH，而是选择 F - BCCH 来通知 MS。

F - CACH 的发送速率固定为 9600 b/s，帧长 5 ms，它可以在 BS 的控制下工作在非连续方式,断续的基本单位为帧。

如果在 SR1,FEC 编码 $R=1/2$ 的条件下使用F - CACH,它将占用码分信道 W_n^{128},其中 $1 \leqslant n \leqslant 127$,$n$ 的值由 BS 指定。如果在 SR1,FEC 编码 $R=1/4$ 的条件下使用 F - CACH,它将占用码分信道 W_n^{64},其中 $1 \leqslant n \leqslant 63$,$n$ 的值由 BS 指定。如果在 SR3 的条件下使用 F - CACH,它将占用码分信道 W_n^{256},其中 $1 \leqslant n \leqslant 255$,$n$ 的值由 BS 指定。

值得注意的是,虽然 F - CACH 可占用的码分信道较多,但在同一导频 PN 偏置下它的长码掩码却最多有 8 种,因为 CACH 长码掩码中的 CACH 信道号占 3 个 bit。这一点同 F - BCCH 类似。

8. FL 公共控制信道

FL 公共控制信道 F - CCCH 是经过编码、交织、扰码、扩谱和调制的信号。BS 用它来发送给指定 MS 的消息。

F - CCCH 具有可变的发送速率:9600、19 200 或 38 400 b/s;帧长为 20、10 或 5 ms。尽管 F - CCCH 的数据速率能以帧为单位改变,但发送给 MS 的给定帧的数据速率对于 MS 来说是已知的。

如果在 SR1,FEC 编码 $R=1/2$ 的条件下使用 F - CCCH,它将占用码分信道 W_n^N,其中 $N=32$、64 和 128(分别对应 38 400、19 200 和 9600 b/s),$1 \leqslant n \leqslant N-1$,$n$ 的值由 BS 指定。如果在 SR1,FEC 编码 $R=1/4$ 的条件下使用 F - CCCH,它将占用码分信道 W_n^N,其中 $N=16$、32 和 64(分别对应 38 400、19 200 和 9600 b/s),$1 \leqslant n \leqslant N-1$,$n$ 的值由 BS 指定。如果在 SR3 的条件下使用 F - CCCH,它将占用码分信道 W_n^N,其中 $N=64$、128 和 256(分别对应 38 400、19 200 和 9600 b/s),$1 \leqslant n \leqslant N-1$,$n$ 的值由 BS 指定。

值得注意的是,虽然 F - CCCH 可占用的码分信道较多,但在同一导频 PN 偏置下它的长码掩码却由标准唯一地确定,是固定的。这一点与 F - BCCH 和 F - CACH 是不同的。

9. FL 专用控制信道

FL 专用控制信道 F - DCCH 用来在通话(包括数据业务)过程中向特定的 MS 传送用户信息和信令信息。每个 FL 业务信道可以包括最多 1 个 F - DCCH。BS 必须能够在 F - DCCH 上以固定的速率发送(当数据速率选定的情况下),F - DCCH 的帧长为 5 或 20 ms。F - DCCH 必须支持非连续的发送方式,断续的基本单位为帧。在 F - DCCH 上,允许附带一个 FL 功控子信道。

每个配置为 RC3 或 RC5 的 F - DCCH,应占用码分信道 W_n^{64},其中 $1 \leqslant n \leqslant 63$,$n$ 的值由 BS 指定。每个配置为 RC4 的 F - DCCH,应占用码分信道 W_n^{128},其中 $1 \leqslant n \leqslant 127$,$n$ 的值由 BS 指定。每个配置为 RC6 或 RC8 的 F - DCCH,应占用码分信道 W_n^{128},其中 $1 \leqslant n \leqslant 127$,$n$ 的值由 BS 指定。每个配置为 RC7 或 RC9 的 F - DCCH,应占用码分信道 W_n^{256},其中 $1 \leqslant n \leqslant 255$,$n$ 的值由 BS 指定。

10. FL 基本信道

FL 基本信道 F - FCH 用来在通话(可包括数据业务)过程中向特定的 MS 传送用户信息和信令信息。每个 FL 业务信道可以包括最多 1 个 F - FCH。F - FCH 可以支持多种可变速率,工作于 RC1 或 RC2 时,它分别等价于 IS - 95A 或 IS - 95B 的业务信道。F - FCH 在 RC1 和 RC2 时的帧长为 20 ms;在 RC3 到 RC9 时的帧长为 5 或 20 ms。在某一 RC 下,

F-FCH 的数据速率和帧长可以按帧为单位进行选择，但调制符号的速率保持不变。对于 RC3 到 RC9 的 F-FCH，BS 可以在一个 20 ms 帧内暂停发送最多 3 个 5 ms 帧。数据速率越低，相应的调制符号能量也低，这和已有的 CDMA One 系统相同。在 F-FCH 上，允许附带一个 FL 功控子信道。

在 F-FCH 的帧结构里，第一个比特为"保留/标志"比特，简称 R/F 比特。R/F 比特用于 RC2、RC5、RC8 和 RC9。当正在使用一个或多个 F-SCCH 时，可以使用 R/F 比特；否则应保留该比特并置为'0'。当使用 R/F 比特时，如果 MS 将处理从当前帧后第 2 帧开始发送的 F-SCCH，BS 应将当前 F-FCH 帧的 R/F 比特设为'0'。当 BS 不准备在当前帧的后第 2 帧开始发送 F-SCCH 时，BS 应将当前 F-FCH 帧的 R/F 比特置为'1'。

每个配置为 RC1 或 RC2 的 F-FCH，应占用码分信道 W_n^{64}，其中 $1 \leqslant n \leqslant 63$，$n$ 的值由 BS 指定。每个配置为 RC3 或 RC5 的 F-FCH，应占用码分信道 W_n^{64}，其中 $1 \leqslant n \leqslant 63$，$n$ 的值由 BS 指定。每个配置为 RC4 的 F-FCH，应占用码分信道 W_n^{128}，其中 $1 \leqslant n \leqslant 127$，$n$ 的值由 BS 指定。每个配置为 RC6 或 RC8 的 F-FCH，应占用码分信道 W_n^{128}，其中 $1 \leqslant n \leqslant 127$，$n$ 的值由 BS 指定。每个配置为 RC7 或 RC9 的 F-FCH，应占用码分信道 W_n^{256}，其中 $1 \leqslant n \leqslant 255$，$n$ 的值由 BS 指定。

11. FL 补充信道

FL 补充信道 F-SCH 用来在通话（可包括数据业务）过程中向特定的 MS 传送用户信息。F-SCH 只适用于 RC3 到 RC9。每个 FL 业务信道可以包括最多 2 个 F-SCH。F-SCH 可以支持多种速率，当它工作在某一允许的 RC 下时，并且分配了单一的数据速率（此速率属于相应 RC 对应的速率集），它将固定在这个速率上工作；而如果分配了多个数据速率，F-SCH 则能够以可变速率发送。F-SCH 的帧长为 20、40 或 80 ms。BS 可以支持 F-SCH 帧的非连续发送。速率的分配是通过专门的补充信道请求消息等来完成的。

每个配置为 RC3、RC4 或 RC5 的 F-SCH，应占用码分信道 W_n^N，其中 $N = 4$、8、16、32、64、128、128 和 128（分别对应最大的所分配 QPSK 符号速率：307 200、153 600、76 800、38 400、19 200、9600、4800 和 2400 s/s），$1 \leqslant n \leqslant N-1$，$n$ 的值由 BS 指定。对于 QPSK 符号速率 4800 和 2400 s/s，对每个 QPSK 符号 Walsh 函数分别发送 2 次和 4 次。

每个配置为 RC6、RC7、RC8 或 RC9 的 F-SCH，应占用码分信道 W_n^N，其中 $N = 4$、8、16、32、64、128、256、256 和 256（分别对应最大的所分配 QPSK 符号速率：921 600、460 800、230 400、115 200、57 600、28 800、14 400、7200 和 3600 s/s），$1 \leqslant n \leqslant N-1$，$n$ 的值由 BS 指定。对于 QPSK 符号速率 7200 和 3600 s/s，对每个 QPSK 符号 Walsh 函数分别发送 2 次和 4 次。

12. FL 补充码分信道

FL 补充码分信道 F-SCCH 用来在通话（可包括数据业务）过程中向特定的 MS 传送用户信息。F-SCCH 只适用于 RC1 和 RC2。每个 FL 业务信道可以包括 7 个 F-SCCH。F-SCCH 在 RC1 和 RC2 时的帧长为 20 ms。在 RC1 下，F-SCCH 的数据速率为 9600 b/s；在 RC2 下，其数据速率为 14 400 b/s。

每个配置为 RC1 或 RC2 的 F-SCCH，应占用码分信道 W_n^{64}，其中 $1 \leqslant n \leqslant 63$，$n$ 的值

由 BS 指定。

4.2.2　反向链路(RL)物理信道

反向链路以下简称"RL"，它所包括的物理信道如图 4-4 所示。

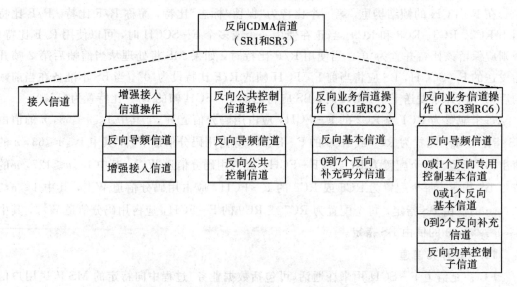

图 4-4　反向链路包含的信道

RL 业务信道的 RC 及其特性如表 4-3 所示。注意：对于 RC3 到 RC6，R-DCCH 和 R-FCH 也允许 9600 b/s，5 ms 帧的方式。

表 4-3　RL 业务信道 RC

RC	SR	最大数据速率/(Kb/s)	前向纠错编码(FEC)速率	FEC 方式	允许发送分集(TD)	调制方式
1 *	1	9600	1/3	卷积码	否	64 阶正交
2 *	1	14 400	1/2	卷积码	否	64 阶正交
3	1	153 600 (307 200)	1/4 (1/2)	卷积/Turbo 码	是	BPSK+1 导频
4	1	230 400	1/4	卷积/Turbo 码	是	BPSK+1 导频
5	3	153 600 (614 400)	1/4 (1/3)	卷积/Turbo 码	是	BPSK+1 导频
6	3	460 800 (1 036 800)	1/4 (1/2)	卷积/Turbo 码	是	BPSK+1 导频

对于 RL 的 RC 而言，MS 必须支持在 RC1、RC3 或 RC5 中的操作，这 3 种 RC 是最基本的 RC。MS 还可以支持在 RC2、RC4 或 RC6 中的操作。支持 RC2 的 MS 必须支持 RC1；支持 RC4 的 MS 必须支持 RC3；支持 RC6 的 MS 必须支持 RC5。

MS 不能在 RL 业务信道上使用 RC1 或 RC2 的同时使用 RC3 或 RC4。

表 4-4 列出了对于 MS 所支持的 FL/RL 业务信道 RC 的匹配的要求，可以将这个表与表 4-2 结合起来看。

表 4-4　对于 MS 所支持的 FL/RL 业务信道 RC 的匹配要求

如果 MS 支持：	则 MS 必须支持：	如果 MS 支持：	则 MS 必须支持：
F－FCH：RC1	R－FCH：RC1	F－DCCH：RC3 或 4	R－DCCH：RC3
F－FCH：RC2	R－FCH：RC2	F－DCCH：RC5	R－DCCH：RC4
F－FCH：RC3 或 4	R－FCH：RC3	F－DCCH：RC6 或 7	R－DCCH：RC3，或 5
F－FCH：RC5	R－FCH：RC4	F－DCCH：RC8 或 9	R－DCCH：RC4，或 6
F－FCH：RC6 或 7	R－FCH：RC3，或 5	说明：表中由阴影标出的 RC 值对应 SR3。	
F－FCH：RC8 或 9	R－FCH：RC4，或 6		

需要特别指出的是，在 CDMA 2000 的 RL 调制方式中新采用了和以前的 M 阶正交调制不同的方式，实际上采用的是和 FL 的结构相似的调制方式。对于 RC3 到 RC6 的 RL 物理信道，利用 Walsh 函数间的正交性进行扩谱，如表 4-5 所示。另外，还引入了新的 IQ 映射和长码扰码方式，如图 4-5 的例子所示，这种做法降低了信号星座变化时的过零率，降低了信号峰-均比，减少了 RL 上的干扰。

表 4-5　RL CDMA 信道的 Walsh 函数（RC3 到 RC6）

信道类型	Walsh 函数
R－PICH	W_0^{32}
R－EACH	W_2^8
R－CCCH	W_2^8
R－DCCH	W_8^{16}
R－FCH	W_4^{16}
R－SCH1	W_1^2 或 W_1^4
R－SCH2	W_2^4 或 W_6^8

注意：R－SCH1 和 R－SCH2 在组合使用时的具体 Walsh 函数配置参见参考文献[2]中相应部分。

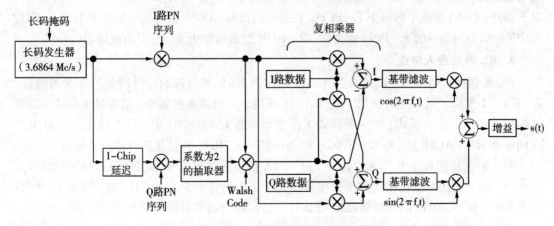

图 4-5　SR3 反向链路的 IQ 映射和扰码

CDMA 2000 的 RL 物理信道仍然用长码加以区分，公用 RL 信道的长码掩码由 BS 的系统参数确定，而每个用户的业务信道的长码掩码则由用户自己的身份信息来标识。

下面我们将对 RL 物理信道逐个进行介绍（除非特别需要，各个信道的调制结构框图将不予列出，相关信息请参考协议）。

1. 导频信道

RL 导频信道 R-PICH 是未经调制的扩谱信号。BS 利用它来帮助检测 MS 的发射，进行相干解调。当使用 R-EACH、R-CCCH 或 RC3 到 RC6 的 RL 业务信道时，应该发送 R-PICH。当发送 R-EACH 前缀（preamble）、R-CCCH 前缀或 RL 业务信道前缀时，也应该发送 R-PICH。

当 MS 的 RL 业务信道工作在 RC3 到 RC6 时，它应在 R-PICH 中插入一个反向功率控制子信道，其结构如图 4-6 所示。MS 用该功控子信道支持对 FL 业务信道的开环和闭环功率控制。R-PICH 以 1.25 ms 的功率控制组（PCG）进行划分，在一个 PCG 内的所有 PN 码片都以相同的功率发射。反向功率控制子信道又将 20 ms 内的 16 个 PCG 划分后组合成两个子信道，分别称为"主功控子信道"和"次功控子信道"；前者对应 F-FCH 或 F-DCCH，后者对应 F-SCH。

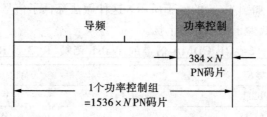

图 4-6　R-PICH 及功控子信道结构

当诸如 F/R-FCH 和 F/R-SCH 等没有工作时，R-PICH 可以对特定的 PCG 门控（Gating）发送，即在特定的 PCG 上停止发送，以减小干扰并节约功耗。

2. RL 接入信道

RL 接入信道 R-ACH 属于 CDMA 2000 中的后向兼容信道，它用来发起同 BS 的通信或响应寻呼信道消息。R-ACH 采用了随机接入协议，每个接入试探（probe）包括接入前缀和后面的接入信道数据帧。反向 CDMA 信道最多可包含 32 个 R-ACH，编号为 0 到 31。对于前向 CDMA 信道中的每个 F-PCH，在相应的反向 CDMA 信道上至少有 1 个 R-ACH。每个 R-ACH 与单一的 F-PCH 相关联。R-ACH 的前缀是由 96 个'0'组成的帧。

3. RL 增强接入信道

RL 增强接入信道 R-EACH 用于 MS 发起同 BS 的通信或响应专门发给 MS 的消息。R-EACH 采用了随机接入协议。R-EACH 可用于 3 种接入模式中：基本接入模式、功率受控模式和预留接入模式。前一种模式工作在单独的 R-EACH 上，后两种模式可以工作在同一个 R-EACH 上。与 R-EACH 相关联的 R-PICH 不包含反向功控子信道。

对于所支持的各个 F-CCCH，反向 CDMA 信道最多可包含 32 个 R-EACH，编号为 0 到 31。对于在功率受控模式或预留接入模式下工作的每个 R-EACH，有 1 个 F-CACH 与之关联。R-EACH 的前缀是在 R-PICH 上以提高的功率发射的空数据。

4. RL 公共控制信道

RL 公共控制信道 R-CCCH 用于在没有使用反向业务信道时向 BS 发送用户和信令信息。R-EACH 可用于 2 种接入模式中：预留接入模式和指定接入模式。与 R-CCCH 相关联的 R-PICH 不包含反向功控子信道。

对于所支持的各 F-CCCH，反向 CDMA 信道最多可包含 32 个 R-CCCH，编号为 0 到 31。对于所支持的各 F-CACH，反向 CDMA 信道最多可包含 32 个 R-CCCH，编号为 0 到 31。对于前向 CDMA 信道中的每个 F-CCCH，在相应的反向 CDMA 信道上至少有 1 个 R-CCCH。每个 R-CCCH 与单一的 F-CCCH 相关联。R-CCCH 的前缀是在 R-PICH 上以提高的功率发射的空数据。

5. RL 专用控制信道

RL 专用控制信道 R-DCCH 用于在通话中向 BS 发送用户和信令信息。反向业务信道中可包括最多 1 个 R-DCCH。R-DCCH 的帧长为 5 或 20 ms。MS 应支持在 R-DCCH 上的非连续发送，断续的基本单位为帧。R-DCCH 的前缀是只在 R-PICH 上连续（非门控）发送的空数据。

6. RL 基本信道

RL 基本信道 R-FCH 用于在通话中向 BS 发送用户和信令信息。反向业务信道中可包括最多 1 个 R-FCH。RC1 和 RC2 的 R-FCH 为后向兼容方式，其帧长为 20 ms。RC3 到 RC6 的 R-FCH 帧长为 5 或 20 ms。在某一 RC 下的 R-FCH 的数据速率和帧长应该以帧为基本单位进行选取，同时保持调制符号速率不变。

RC1 和 RC2 的 R-FCH 的前缀为在 R-FCH 上发送的全速率全零帧（无帧质量指示）。RC3 到 RC6 的 R-FCH 的前缀只是在 R-PICH 上连续发送。

7. RL 补充信道

RL 补充信道 R-SCH 用于在通话中向 BS 发送用户信息，它只适用于 RC3 到 RC6。反向业务信道中可包括最多 2 个 R-SCH。R-SCH 可以支持多种速率，当它工作在某一允许的 RC 下，并且分配了单一的数据速率时，将固定在这个速率上工作；而如果分配了多个数据速率，R-SCH 则能够以可变速率发送。R-SCH 必须支持 20 ms 的帧长，也可以支持 40 或 80 ms。

8. RL 补充码分信道

RL 补充码分信道 R-SCCH 用于在通话中向 BS 发送用户信息，它只适用于 RC1 和 RC2。反向业务信道中可包括最多 7 个 R-SCCH，虽然它们和相应 RC 下的 R-FCH 的调制结构是相同的，但它们的长码掩码及载波相位相互之间略有差异。R-SCCH 在 RC1 和 RC2 时的帧长为 20 ms。在 RC1 下，R-SCCH 的数据速率为 9600 b/s；在 RC2 下，其数据速率为 14 400 b/s。R-SCCH 的前缀是在其自身上发送的全速率全零帧（无帧质量指示）。当允许在 R-SCCH 上不连续发送的情况下，在恢复中断了的发送时，需要发送 R-SCCH前缀。

4.3　信道编码与复用

数字信息在实际信道上传输时，由于信道传输特性的不理想以及干扰噪声的影响，所受到的数字信号不可避免地会发生错误。因此，必须采用信道编码将误比特率进一步降低以满足指标要求。

信道编码的基本做法是：在发送端被传输的信息序列上以某种确定的规则附加一些监

督码元，接收端按照既定的规则检验并纠正错误。根据信息码元与监督码元之间相关性来检测和纠正传输过程中产生的差错就是信道编码的基本思想。

1948 年，信息论奠基人 C. E. Shannon 在其开创性论文《A Mathematical Theory of Communication》中首次提出著名的有噪信道编码定理。

Shannon 信道编码定理是一个存在性定理，它从理论上证明，平均误码率趋向于 0、信道的信息传输率无限接近于信道容量的抗干扰信道编码是存在的。它包含了两层含义：一是当 R(传输速率)<C(信道容量)时，若码组长度 n→∞，则使译码误比特率趋向于 0 的渐进好码一定存在；二是为达到这一理论极限，应采用最大似然译码(MLD)。

Shannon 在对定理的证明中引用了三个基本条件：

(1) 采用随机编、译码方案；

(2) 编码长度 L→∞；

(3) 采用最大似然译码方案。

在信道编码的研究与发展过程中，基本上是以后两个条件为主要方向的。而对于条件(1)，虽然在码集合中随机选择编码码字可以使获得好码的概率增大，但是最大似然译码器的复杂性随码字数目的增加而加大，当编码长度很大时，译码几乎不可能实现。所以，人们认为条件(1)仅仅是为证明定理存在性而引入的一种数学方法，在实际的编码构造中是不能实现的。事实上，分组码和卷积码都具有非常规则的结构，因此它们的编码器和译码器在一定的复杂性条件下是可实现的。但同时这种规则的编译码结构也使这些编码方法的性能与 Shannon 理论极限存在一定的差距。

$$C = W\log_2\left(1 + \frac{P}{N}\right)$$

其中：

C——是信道内可以可靠传输的最高码率(以比特/秒为单位)，称之为信道容量；

W——是信道带宽(以赫兹或 1/秒为单位)；

P/N——是信道的信噪比(即信号功率与噪声功率之比)。

按照这一理论，要想在一个带宽确定的有噪信道里可靠地传送信号，无非有两种途径：加大信噪比或在信号编码中加入附加的纠错码。用生活中的例子类比，就好像在一个嘈杂的啤酒馆里要让侍者听到你的要求，你就得提高嗓门(信噪比)，或者反复吆喝(附加的冗余信号)。多年来人们都在试图接近香农提出的码率极限，然而在这两位法国工程师(克劳德.伯劳和阿雷恩.格莱维欧克斯)以前，最好的结果所消耗的功率和香农定理比较还有 3.5 分贝的差距，就是说比按照香农定律计算得到的所需功率数值高一倍多。

在 1993 年瑞士日内瓦召开的国际通信会议上，法国不列颠通信大学的 C. Berrou、A. Glavieux 和 P. Thitimajshiwa 首先提出一种称之为 Turbo 码的编、译码方案。

Turbo 码通过在编码器中引入随机交织器，使码字具有近似随机的特性；通过分量码的并行级联实现了通过短码(分量码)构造长码(Turbo 码)的方法；在接收端虽然采用了次最优的迭代算法，但分量码采用的是最优的最大后验概率译码算法，同时通过迭代过程可使译码接近最大似然译码。综合上述分析可见，Turbo 码充分考虑了 Shannon 信道编码定理证明时所假设的条件，从而获得了接近 Shannon 理论极限的性能。Turbo 码同时也第一次从实践中证明了信道编码定理的正确性。

仿真结果表明，该编码方式有着极强的纠错能力，是目前所知的最为高效的编码方式之一。如果采用大小为 65 536 的随机交织器，并且进行 18 次迭代，则在信噪比 $E_b/N^0 \geqslant$ 0.7dB 时，码率为 1/2 的 Turbo 码在加性高斯白噪声(AWGN)信道上的误比特率(BER)$\leqslant$ 10^{-5}，达到了近 Shannon 限的性能。

4.3.1　Turbo 编码器

CDMA 2000 的 Turbo 码编码器结构如图 4-7 所示，它大体和传统编码结构一样，不过每个成员编码器有两路校验位输出。

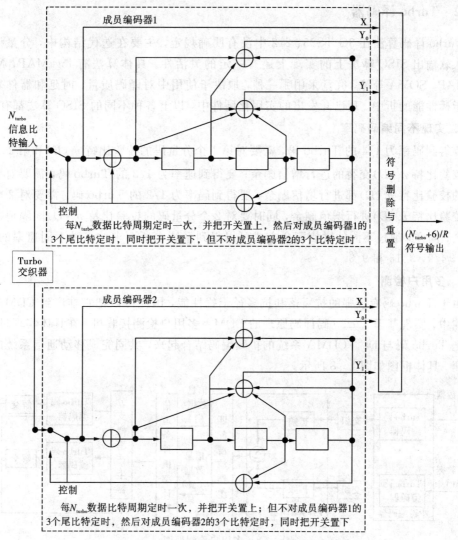

图 4-7　CDMA 2000 中的 Turbo 编码结构

交织器是 Turbo 码构造中的关键，因为一个好的交织器还能把低重量的输入序列中连续 1 的位置拉开，并使编码后的码字具有高重量。目前可以采取随机交织的方法，即对原交织矩阵的行进行随机重排后，再对列进行随机重排，然后再按列顺序读出，保证了 Turbo 码有小的自由距离有效度，从而保证较低的"错误地板"。

Turbo 编码器一次输入 NTurbo 比特，包括信息数据、帧校验(CRC)和两个保留比特，输出(NTurbo＋6)/R 个符号，其中最末尾的 6/R 个比特是尾比特的系统位及校验位。尾比特用于使编码器状态回零，但不参与交织，这一点与 C. Berro 发表的"经典"Turbo 码有所不同。

每次编码时，在第 1 到第 N Turbo 个时钟周期内成员编码器 1 首先编码。输入数据在逐比特送入成员编码器 1 的同时还被写入 Turbo 交织器。在第 N Turbo 个以后的 3 个时钟周期内，图中开关接下方，这 3 个周期用来产生尾比特以使成员编码器 1 的状态回零。待交织器写满后成员编码器 2 开始工作。最后，两个成员编码器的输出，包括尾比特对应的输出经过删除复用后形成编好的 Turbo 码。

4.3.2　Turbo 译码器

Turbo 译码算法在 3G TS25、212 中没有明确规定，主要在迭代结构中，分量译码的软输入软输出 SISO 算法上的实现上还有一定的灵活性。具体算法有 $\log_2 \text{MAP}$，MAX - $\log_2 \text{MAP}$，SOVA 等等，究竟采用哪一种，取决于使用中对译码质量、时延和器件复杂性三个指标性能的折中。现已开发出的实用化硬件中，以上各种不同的 SISO 算法都有。

1. 实现不同编码码率

要得到码率为 1/4 的 Turbo 码，需要对第 1 个分量码的校验比特 $n_0(D)$ 和第 2 个分量码的校验比特 $n_1(D)$ 交替的进行增信删余；要得到速率为 1/3 的 Turbo 码，需要对 2 个分量码的校验比特 $n_1(D)$ 都进行增信删余；要得到码率为 1/2 的 Turbo 码，需要对 2 个分量码的校验比特 $n_1(D)$ 进行增信删余，同时要对 2 个分量码的校验比特 $n_0(D)$ 间隔地进行增信删余；同样，通过不同的增信删余方式可以得到系统中所要求的多种不同速率的编码，如3/8，4/9，9/16 和 9/3。

2. 多用户检测

由于 Turbo 码有较强的抗衰落和抗多径干扰性能，因此可以把它推广到 CDMA 多用户检测中，实现基于 Turbo 码译码原理的 CDMA 多用户检测接收机。在具体实现过程中，就是把 Turbo 码与 DC－CDMA 系统的扩频编码结合起来，共同完成移动通信系统的多用户检测。具体框图如图 4－8 所示。

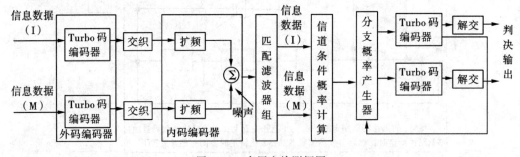

图 4－8　多用户检测框图

4.4　扩 频 与 调 制

CDMA 通信系统是建立在扩频通信理论基础之上的，它的产生和发展与扩频通信技术密切相关。CDMA 是利用分配给不同用户相互正交的序列码，实现多用户同时使用同一频率接入系统和网络的通信，即码分多址通信。CDMA 不像 TDMA、FDMA 那样把用户的信息从频率和时间上进行分离，它可在一个信道上同时传输多个用户的信息，也就是说，允许用户之间的相互干扰。三者的比较如图 4－9 所示。

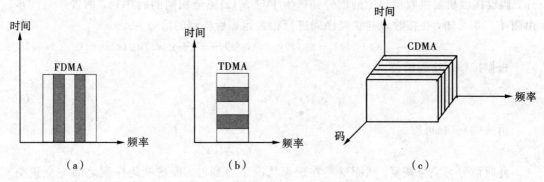

图 4－9 三种多址接入技术的比较

4.4.1 CDMA 中扩频调制基本原理分析

CDMA 通信系统的工作方式主要分为跳频 CDMA（FH/CDMA）和直接序列扩频CDMA（DS/CDMA）两种，本文主要以 DS/CDMA 为例分析 CDMA 的基本原理。图 4－10为一个典型的 DS/CDMA 系统示意图。

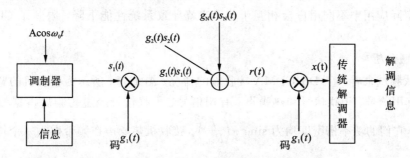

图 4－10 码分多址接入 DS/CDMA 系统示意图

扩频调制的原理：扩频通信在发端，采用扩频码调制，使信号所占的频带宽度远大于所传信息必需的带宽；在收端，采用相同的扩频码进行相关解调来解扩，以恢复所传的信息数据。扩频通信的理论基础来源于信息论和抗干扰理论。

1. 时域分析

用户 1 的信息首先经过一级调制器得到已调信号 $s_1(t)$，表示为

$$s_1(t) = A_1(t)\cos[\omega_0 t + \varphi_1(t)] \tag{1}$$

这里未对 $s_1(t)$ 的波形提出限制，也未局限于某一特殊的调制方式。之后，已调信号 $s_1(t)$ 与属于用户 1 的扩频码 $g_1(t)$ 相乘得到扩频信号 $g_1(t)s_1(t)$。与此同时，用户 2 到用户 N 的发送信号 $s_2(t) \sim s_N(t)$ 与它们各自的扩频码 $g_2(t) \sim g_N(t)$ 相乘得到相应的扩频信号。通常每一组扩频码是保密的，而且仅限于授权用户使用。N 个用户的扩频信号复用在同一信道中进行传输，从而实现码分复用。忽略传输延时，接收端收到的信号 $r(t)$ 可以表示为

（暂不考虑噪声和其他干扰）

$$r(t) = g_1(t)s_1(t) + g_2(t)s_2(t) + \cdots + g_N(t)s_N(t) \qquad (2)$$

$s_1(t)$ 与 $g_1(t)$ 相乘后得到了扩频信号，其占据的频带宽度远远大于传输 $s_1(t)$ 所需的最小带宽。假设 $s_1(t)$ 为一个窄带信号，则 $g_1(t)s_1(t)$ 的带宽近似为扩频码 $g_1(t)$ 的带宽。另外，假设接收机要接收用户 1 的信号并产生了与 $g_1(t)$ 完全相同的码序列，两者严格同步。由图 4-10 可知，在接收端与扩频序列进行相关运算后得到的信号为

$$x(t) = g_1^2(t)s_1(t) + g_1(t)g_2(t)s_2(t) + \cdots + g_1(t)g_N(t)s_N(t) \qquad (3)$$

根据扩频码序列的特点：

$$\int_0^T g_i(t)g_j(t)\,\mathrm{d}t = \begin{cases} 1 & i = j \\ 0 & i \neq j \end{cases} \qquad (4)$$

由式(3)、(4)可得

$$x(t) = g_1^2(t)s_1(t)$$

此时信号可完全恢复，然而这是在理想情况下得到的，即扩频码序列之间完全正交，且没有噪声。实际情况是不同用户之间的扩频码序列之间不是完全正交的，原因有以下三点：

（1）完全正交扩频码序列中的两个不同序列的在短时间（ 如一个符号周期)内的互相关并不为零。

（2）为了使系统容纳更多的用户，通常使用的是近似正交的长序列。

（3）多径传输和非理想同步造成不同用户间的切谱间干扰。

因此实际应用中不同用户会相互干扰，这就导致系统性能下降，限制了 CDMA 系统的容量。

2. 频域分析

下面从频域来看一下 DS/CDMA 接收端的情况。图 4-11 所示为接收机的宽带输入信号，包括有用信号、干扰信号和热噪声。有用信号、干扰信号经过扩频后占据的频带宽度均为 Rch，它们的功率谱密度均为 $\mathrm{sinc}^2\,\pi\!\left(\dfrac{f}{R_{\mathrm{ch}}}\right)$。接收机热噪声在频带内为一个均匀谱。

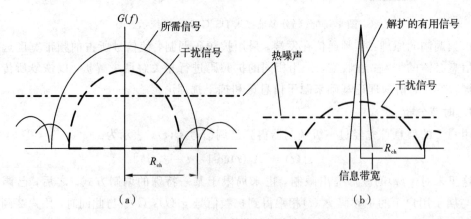

图 4-11 CDMA 系统信号频域分析示意图

在 CDMA 系统接收端输入信号与扩频码序列 $g_1(t)$ 相乘解扩后，输出信号的功率谱密度如图 4-11 所示。可以看出，所需信号的频带集中在中频附近的很窄的信息频带内，而

噪声和干扰信号则在一个很宽的频带内，且功率谱密度很低。这样，只有位于信息频带内的那部分干扰和噪声才会对接收信号造成影响。

3. 扩频调制的优点

扩频调制的优点如图 4-12 所示。

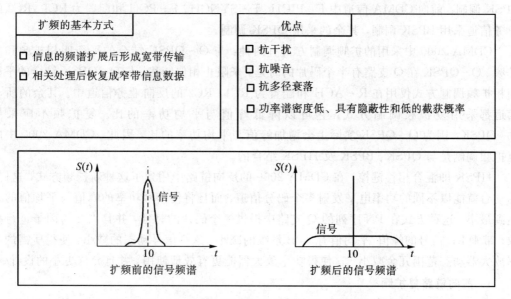

图 4-12　扩频通信优点

（1）抗干扰、噪音。通过在接收端采用相关器或匹配滤波器的方法来提取信号，抑制干扰。相关器的作用是当接收机的本地解扩码与收到的信号码相一致时，即将扩频信号恢复为原来的信息，而其他任何不相关的干扰信号通过相关器后其频谱被扩散，从而使落入到信息带宽的干扰强度被大大降低，当通过窄带滤波器（其频带宽度为信息宽度）时，就抑制了滤波器的带外干扰。

（2）保密性好。由于扩频信号在很宽的频带上被扩展了，单位频带内的功率很小，即信号的功率谱密度很低，所以，直接序列扩频通信系统可以在信道噪声和热噪声的背景下，使信号湮没在噪声里，难以被截获。

（3）抗多径衰落。由于扩频通信系统所传送的信号频谱已扩展很宽，频谱密度很低，如在传输中小部分频谱衰落不会造成信号的严重畸变。因此，扩频系统具有潜在的抗频率选择性衰落的能力。

4.4.2　扩频调制在 CDMA 2000 中的应用

基于扩频通信技术的 CDMA 系统除具有扩频通信固有的优点，如抗干扰性强、安全可靠、功率谱密度低等特点外，由于扩频编码在码分多址技术方面的成功应用，使 CDMA 系统还具有系统容量大、功率控制软容量、抗多径衰落 RAKE 接收技术、软切换、可实现数据高速传输等独特优点。扩频 CDMA 通信的应用已成为未来移动通信的主流，目前基于直接序列扩频技术的 CDMA 2000 和 WCDMA 已成为第三代移动通信 IMT2000 的主要无线接口标准。随着 IS-95 标准的颁布，扩频通信技术广泛应用于移动通信和室内无线通信等各种商用应用系统，为用户提供可靠通信。目前，CDMA 技术已被广泛接受为第三代移动通信系统的主要技术。

CDMA 2000 中用到的数据调制方式有三种：正交 64 阶调制（即使用 6 个序列数据符号，来选择一个长度为 64 的 Walsh 函数）、BPSK 和 QPSK。其中，正交 64 阶调制仅用在 R - ACH 和配置为 RC1、RC2 的反向业务通道中，而其余的反向 CDMA 通道都采用 BPSK 调制。前向 CDMA 信道中 F - PICH、F - SYNCH、F - PCH 和配置为 RC1、RC2 的业务信道采用 BPSK 调制，其余的采用 QPSK 调制。

CDMA 2000 中采用的扩频调制方式有两种：与 O - QPSK 结合的平衡四相扩频和复扩频。O - QPSK 在 Q 支路有半个码片的时延，来阻止相位转移。与 O - QPSK 结合的平衡四相扩频调制方式仅用在 R - ACH 和配置为 RC1、RC2 的反向业务信道中。其余的所有信道都采用复扩频调制方式，它可以降低峰值与平均功率的比。复扩频不应采用 O - QPSK，因为 O - QPSK 实际上会增加峰值与平均功率的比，因此，CDMA 2000 中的复扩频调制是与 QPSK、BPSK 及 HPSK 结合的。

HPSK 即混合相移键控，在 CDMA 2000 的反向链路中用到了这种新扩频方式，这样，移动台就能以不同的功率电平发射多个码分信道，而且将使信号功率的峰值与平均值的比达到最小。这种方式在 PN 序列的 Q 支路中提供一个码片的时延，并且以 2 为因子进行抽取，带来 RL 信号的峰值/平均值有 1 dB 量级的减小。这样信号动态的减小，使得所需的功率放大器动态范围冗余减小。这使得功率放大器能更有效地使用，并且允许更小的设计。

1. 前向链路复扩频

在 CDMA 2000 系统中，前向链路采用公共导频信道，基站覆盖区的所有用户共享该信道，从中获得前向 CDMA 信道的定时和提取相干载波，以进行相干解调，并可通过对导频信号进行检测，以比较相邻基站的信号强度和决定什么时候需要进行越区切换。为了保证载频检测和提取的可靠性，导频信号的电平往往高于其他信号的电平。

前向链路的发射采用 QPSK 调制，并利用复 PN 码进行调制，同时采用不同的 Walsh 正交码区分不同的用户信号。图 4 - 13 是导频信道的框图，图 4 - 14 是用户信道的框图。

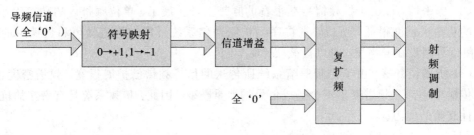

图 4 - 13　导频信道框图

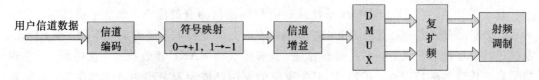

图 4 - 14　用户信道框图

图 4 - 15 是 QPSK 和 PN 码以及 Walsh 码的复扩频。经过复扩频后，每个信道的 I 路和 Q 路数据分别进行求和，然后经过基带滤波器和射频调用制，从天线发射出去。

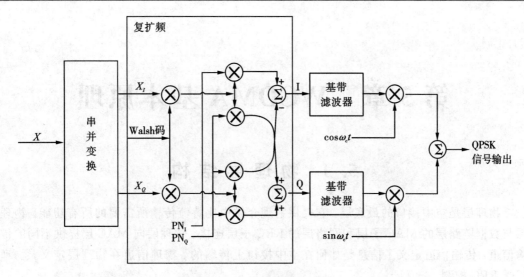

图 4-15　前向链路复扩频框图

　　CDMA 2000 前向链路采用复扩频，能有效地降低峰均值比（Peak-to-Average Ration，PAR），提高功率放大器的效率。

2. 反向链路混合相移键控（HPSK）

　　空中接口的反向链路连接移动台到基站。在反向链路中，移动台终端的成本、待机时长、通话时长等都是很重要的指标，这些都与移动终端的调制特性有关。IS-95 系统中，反向链路采用偏移四进制相移键控 OQPSK，有效地降低了频谱扩展。CDMA 2000 通信系统反向链路，为提高系统的性能和适应多种业务的需要而增加了导频信道、反向补充信道等不同类型的信道，从而对移动台提出了更高的要求。在 CDMA 2000 反向链路中采用了混合相移键控的调制方式，有效地降低了调制信号的峰均值比，减少了信号过零率，降低了移动台系统对功率放大器的要求。

　　图 4-16 所示为反向链路 HPSK 结构简图，其中 FIR 滤波器是一个有限冲激响应脉冲成形滤波器。

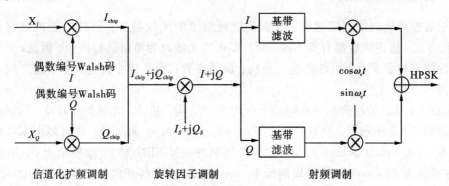

图 4-16　反向链路 HPSK 结构简图

　　输出的包络出现峰值是由于下列原因产生的：当复基带的 I 支路或者 Q 支路脉冲信号经过 FIR 滤波器后，将产生一个峰值。通过减少相邻码片信号的相位跳变，就可以很显著减少信号的峰值。HPSK 就是通过减少信号的相位跳变来降低信号的峰均值比的方法。

第 5 章　WCDMA 基本原理

5.1　物 理 层 结 构

　　物理层是空中接口的最底层，它提供物理介质中比特流传输所需要的所有功能。物理层与数据链路层的 MAC 子层和网络层的 RRC 子层连接。物理层向 MAC 层提供不同的传输信道，传输信道定义了信息是如何在空中接口上传输的。物理信道在物理层定义，物理层受 RRC 控制。

　　物理层向高层提供数据传输服务，这些服务的接入是通过传输信道来实现的。为提供数据传输服务，物理层需要完成以下功能：传输信道的错误检测和上报；传输信道的 FEC（前向纠错编码）编/解码；传输信道的复用；编码复合传输信道的解复用；编码复合传输信道到物理信道的映射；物理信道的调制/扩频与解调/解扩；频率和时间（码片、比特、时隙、帧）的同步；功率控制；无线特性测量（如 FER、信噪比 SIR、干扰功率等）；上行同步控制；上行和下行波束成形（智能天线）；UE 定位（智能天线）；接力切换执行；速率匹配；物理信道的射频处理等。

　　WCDMA 的物理信道可用一个特定的载频、扰码、可选的扩频码、开始和结束的时间来定义。在上行链路中还包括一个相对的相位信息（0 或 $\pi/2$）。物理信道的开始和结束时间用码片（chip）的整数倍来测量。一个物理信道默认的持续时间是从它的开始时刻到结束时刻这一段持续时间。

5.1.1　物理信道帧结构

　　高层数据传输到物理层之后，映射到物理信道的无线帧中。物理信道的数据传输速率、加扰方式、信道内容都有所不同，而且都可以无线帧为单位进行区分。因此，可以从物理信道的帧结构着手，介绍各信道的结构、调制参数、在系统中的应用、信道之间的相对时序等内容。

　　WCDMA 系统的物理信道在时间上分为 3 层结构：超帧、无线帧、时隙。物理信道的帧结构如图 5-1 所示：一个超帧为期 720 ms，包括 72 个无线帧。其边界由系统帧标号（SFN，System Frame Number）定义。一个超帧的头帧 SFN 对 72 取模值为 0，尾帧 SFN 对 72 取模值为 71。一个无线帧周期长 10 ms，包括 15 个等长时隙，对应 38 400 个码片，它是物理信道的基本单元。时隙是一个比特域组成的单元，对应 2560 个码片。物理信道的类型决定了每个时隙的信息比特数和结构。

5.1.2　物理信道时序结构

　　发送小区系统帧号（SFN）的 P-CCPCH 将被直接用于下行链路所有物理信道的定时

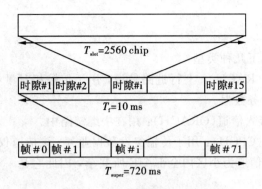

图 5-1 物理信道的帧结构

基准，而间接用于上行链路的定时基准。上行物理信道的传输定时取决于接收下行物理信道的定时。下行物理信道的定时遵从以下规则：

- P-SCH/S-SCH、P-CPICH/S-CPICH、P-CCPCH 和 PDSCH 采用相同的帧定时；
- 不同的 S-CCPCH 可以采用不同的定时，但其与 P-CCPCH 的帧定时偏移量是 256 码片的整数倍，即 $\tau_{\text{S-CCPCH}, k} = T_k \times 256$ 码片，$T_k \in \{0, 1, \cdots, 149\}$；
- PICH 定时位置位于其对应的 S-CCPCH 的帧定时前 7680 码片；
- AICH 接入时隙 0 的起始时间与 (SNF modulo 2) 等于 0 的 P-CCPCH 帧的起始时间相同；
- 不同的 DPCH 可以采用不同的定时，但其与 P-CCPCH 的帧定时偏移量是 256 码片的整数倍，即 $\tau_{\text{DPCH}, n} = T_n \times 256$ 码片，$T_n \in \{0, 1, \cdots, 149\}$。

5.2 传输信道和物理信道

WCDMA 有三种类型的信道，即逻辑信道、传输信道和物理信道。逻辑信道涉及传输的信息，而传输信道主要映射信息传输的方式。高层信息以逻辑信道的形式从 RLC 层传输到 MAC 层，逻辑信道映射到传输信道。然后信息以传输信道的形式从 MAC 层传到物理层，而传输信道又依次映射到物理信道。

5.2.1 传输信道

传输信道作为物理信道提供给高层的服务，通常分为两类：公用传输信道和专用传输信道。当公用传输信道上传递的信息是针对某一特定 UE 时，需要在传送的信息前增加 UE 的标识；而对于专用信道来说，UE 是通过物理信道来标识的，如 FDD 中的码和频率，TDD 中的码、时隙和频率，因此不需要增加额外的 UE 标识。

1. 专用传输信道

专用传输信道使用 UE 的内在寻址方式。WCDMA 仅存在一种专用传输信道，即专用信道(DCH)。这个信道传输用户数据，并且只能为一个用户使用。尽管别的信道也能够传输少量的突发用户数据，但它们的设计并不是为了传送大量的数据，也不是为了传送扩展数据会话，DCH 可用于那些类型的对话。DCH 分为上行和下行，它支持快速功率控制、分集技术和软切换。

2. 公共传输信道

公共传输信道有以下几种类型：

(1) 随机接入信道(RACH)：上行链路信道，用于传输相对量小的数据，如初始接入或非实时专用控制或业务数据。

(2) ODMA 随机接入信道(ORACH)：用在中继链路中。

(3) 公用分组信道(CPCH)：用于传输突发数据业务。该信道仅存在 FDD 模式下的上行链路方向。公用分组信道为小区内全部 UE 所共享，因此它是一个公共资源。CPCH 受快速功率控制。

(4) 前向接入信道(FACH)：一种公共下行信道。它不受闭环功率控制，用于传输相对量小的数据。

(5) 下行链路共享信道(DSCH)：几个 UE 共享的下行链路信道，用于传输专用控制或业务数据。

(6) 上行链路共享信道(USCH)：几个 UE 共享的上行链路信道，用于传输专用控制或业务数据。USCH 仅用于 TDD 模式。

(7) 广播信道(BCH)：一种下行链路信道，用于在整个小区中广播系统信息。

(8) 寻呼信道(PCH)：一种下行链路信道，用于在整个小区中广播控制信息，以保证 UE 睡眠模式过程有效。当前确定的信息类型为寻呼和通告。PCH 的另一用处是 UTRAN 用来通知 BCCH 信息有变动。

3. 传输信道的一些基本概念

(1) 传输块(Transport Block，TB)：定义为物理层与 MAC 子层间的基本交换单元，物理层为每个传输块添加一个 CRC。

(2) 传输块集(Transport Block Set，TBS)：定义为多个传输块的集合，这些传输块是在物理层与 MAC 子层间的同一传输信道上同时交换。

(3) 传输时间间隔(Transmission Time Interval，TTI)：定义为一个传输块集合到达的时间间隔，等于在无线接口上物理层传送一个 TBS 所需要的时间。在每一个 TTI 内 MAC 子层送一个 TBS 到物理层。

(4) 传输格式组合指示(Transport Format Combination Indicator，TFCI)：当前 TFC 的一种表示。TFCI 的值和 TFC 是一一对应的，TFCI 用于通知接收侧当前有效的 TFC，即如何解码、解复用以及在适当的传输信道上递交接收到的数据。

5.2.2　物理信道

WCDMA 物理信道分为上行物理信道和下行物理信道，而上、下行物理信道又可分为专用物理信道和公共物理信道两类，下面分别介绍。

1) WCDMA 上行物理信道

WCDMA 上行物理信道包括专用上行物理信道(DUPCH)和公共上行物理信道(CPUCH)两类。

(1) 专用上行物理信道。专用上行物理信道包括上行专用物理数据信道(DPDCH)和上行专用物理控制信道(DPCCH)。上行 DPDCH 用于承载层 2 或者更高层(如 DCH)产生的专用数据。上行 DPCCH 用于承载层 1 产生的控制信息，包括用于相干检测的支持信道估计的导频比特、传输格式组合指示符（TFCI）、反馈信息（FBI）和传输功率控制命令（TPC）等。

（2）公共上行物理信道（CUPCH）。公共上行物理信道包括物理随机接入信道（PRACH）和物理公共分组信道（PCPCH）。

① 物理随机接入信道。物理随机接入信道用于承载 RACH 信号。随机接入传输采用基于快速捕获指示的时隙 - ALOHA 方式。UE 能够在一个定义好的时间偏移（用接入时隙表示）上开始传输。每两个帧有 15 个接入时隙并且由 5120 码片分隔开来。随机接入传输结构如图 5 - 2 所示。随机接入传输由一个或几个长度为 4096 码片的前导和长度为 10 ms 或 20 ms 的消息部分组成。随机接入突发前导包含一个长度为 16 符号的签名序列，采用扩频因子为 256 的扩频处理，总长度为 4096 码片。随机接入消息格式中，10 ms 消息分成 15 个时隙，每个时隙长度 T_{slot}＝2560 码片，由数据部分和控制部分组成，其中数据部分承载层 2 信息，控制部分承载层 1 控制信息。这两部分被同时并行传输。

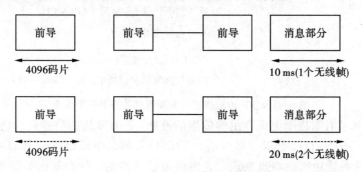

图 5 - 2　随机接入传输

② 物理公共分组信道。物理公共分组信道用于承载传输信道中的公共分组信道（CPCH）。CPCH 传输采用带有快速捕获指示的 DSMA - CD（Digital Sense Multiple Access - Collision Detection）方式。终端能够在定义好的若干时间间隔的起始位置上开始传输，这些时间间隔取决于当前小区接收到 BCH 的帧边界。

2）WCDMA 下行物理信道

下行物理信道主要包括下行专用物理信道和下行公共物理信道。

（1）下行专用物理信道。下行专用物理信道只有下行 DPCH 一种类型。下行 DPCH 将高层来的专用数据与层 1 产生的控制信息（导频比特、TCP 指令和一个可选的 TFCI）以时分复用的方式传输。

（2）下行公共物理信道。下行公共物理信道包括公共导频信道（CPICH）、公共控制物理信道（CCPCH）、同步信道（SCH）、捕获指示信道（AICH）、公共分组信道（CPCH）、状态指示信道（CSICH）和寻呼指示信道（PICH）等。

5.2.3　传输信道与物理信道之间的映射

公共传输信道不是直接作用在物理层上发挥其作用，而是要映射到对应的物理信道。各种传输信道与各种物理信道的映射关系如图 5 - 3 所示，其中部分传输信道映射到相同的（或同一个）物理信道。

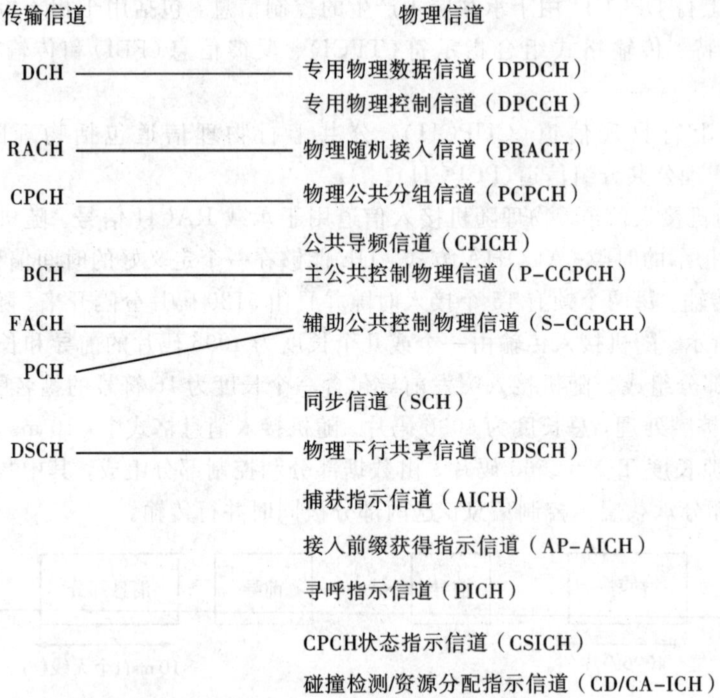

传输信道		物理信道
DCH	——————————	专用物理数据信道（DPDCH）
		专用物理控制信道（DPCCH）
RACH	——————————	物理随机接入信道（PRACH）
CPCH	——————————	物理公共分组信道（PCPCH）
		公共导频信道（CPICH）
BCH	——————————	主公共控制物理信道（P-CCPCH）
FACH	——————————	辅助公共控制物理信道（S-CCPCH）
PCH		
		同步信道（SCH）
DSCH	——————————	物理下行共享信道（PDSCH）
		捕获指示信道（AICH）
		接入前缀获得指示信道（AP-AICH）
		寻呼指示信道（PICH）
		CPCH状态指示信道（CSICH）
		碰撞检测/资源分配指示信道（CD/CA-ICH）

图 5-3　各种传输信道与各种物理信道的映射关系

物理信道除了有对应于上面介绍的传输信道外，还有发送的信息只与物理层过程有关的信道。同步信道(SCH)、公共导频信道(CPICH)和捕获指示信道(AICH)对高层不是直接可见的，但从系统功能的观点来说，这些信道是必需的，每个基站都要发送这些信道。如果使用 CPCH，则还需要 CPCH 状态指示信道(CSICH)和碰撞检测/资源分配指示信道(CD/CA-ICH)。

专用信道(DCH)映射为两种物理信道：专用物理数据信道(DPDCH)和专用物理控制信道(DPCCH)。DPDCH 承载高层信息，包括用户数据；而 DPCCH 用于发送必需的物理层控制信息。这两个专用物理信道都必须在物理层有效地支持可变比特速率。DPCCH 的比特速率是恒定的，而 DPDCH 的比特速率是可以逐帧改变的。

DCH 上的数据经过编码和复用后，产生的数据流按照先后顺序直接映射到物理信道上。BCH 和 FACH/PCH 也是直接映射的，编码和交织后的数据流按照先后顺序分别映射到 P-CCPCH 和 S-CCPCH 上。RACH 信道的情况也一样，编码和交织后的数据流按照先后顺序映射到 PRACH 信道的消息部分。

5.3　信道编码与复用

详细情况请参见本书 6.3 节。

5.4　扩频与调制

扩频应用在物理信道上，它包括两个操作。第一个是信道化操作，它将每一个数据符号转换为若干码片，因此增加了信号的带宽。每一个数据符号转换的码片数称为扩频因子。第二个是扰码操作，是将扰码加在扩频信号上。在信道化操作时，I 路和 Q 路的数据符号分别和 $OVSF$ 码相乘。在扰码操作时，I 路和 Q 路的信号再乘以复数值的扰码，在此，I 和 Q 分别代表实部和虚部。

5.4.1　上行链路的扩频与调制

图 5-4 给出了上行链路的 DPCCH、DPDCH 和 HS-DPCCH 的扩频过程。物理信道数据用二进制的实数序列表示，即"1"映射为实数 -1，"0"映射为实数 $+1$。扩频后的速率达到码片速率，一个扰码序列可对并行传输的 1 个 DPCCH、最多 6 个 DPDCH 和 1 个 HS-DPCCH进行扰码操作。扩频后，扩频信号与增益因子相乘（加权），DPCCH 和 DPDCH 的增益因子分别为 β_c 和 β_d。每个时刻的 β_c 和 β_d 中至少有一个取值为 1。β 值量化为 4 bit 的码字。

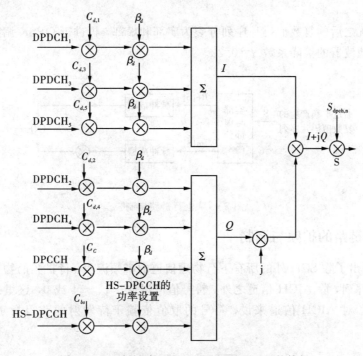

图 5-4　上行链路 DPCCH/HS-DPCCH 的扩频

加权之后，I、Q 支路的码片序列分别作为复序列的实部和虚部，由复扰码序列 $S_{\text{dpch, n}}$ 进行扰码处理。复序列、扰码序列 $S_{\text{dpch, n}}$ 和输入的无线帧数据定时同步，即首个扰码序列的码片对应消息部分的起始比特。HS-DPCCH 映射到 Q 支路。图 5-5 给出了包括数据、控制的 PRACH 消息的扩频和扰码处理过程。数据和控制分别由信道化码序列 C_d、C_c 扩频。然后由增益因子加权，增益因子分别为 β_c、β_d。每个时刻的 β_c 和 β_d 中至少有一个为 1.0。β 值量化为 4 bit 的码字。相加为复值的码片序列由复序列 $S_{\text{r-msg}}$ 扰码。图 5-6 给出了包括数据、控制的 PCPCH 消息的扩频和扰码处理过程。数据和控制分别由信道化码序列 C_d、C_c 扩频。

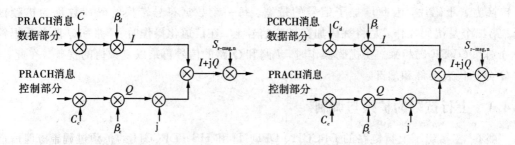

图 5-5　PRACH 消息部分的扩频　　　　图 5-6　PCPCH 消息部分的扩频

然后由增益因子加权，增益因子分别为 β_c、β_d。每个时刻的 β_c 和 β_d 中至少有一个为 1.0。β 值量化为 4 bit 的码字。相加为复值的码片序列由复序列 $S_{r-msg,n}$ 扰码。加权处理后，I 路和 Q 路的实数值码片流相加成为复数值的码流，复数值的信号再通过复数值的扰码 $S_{dpch,n}$ 进行加扰操作。扰码与无线帧相对应，也就是说，扰码的第一个码片对应于无线帧的开始。

扩频、加扰之后的复数值码片序列分裂为实部和虚部，再进行 QPSK 调制，如图 5-7 所示。升余弦滤波器的滚降系数 $\alpha=0.22$。

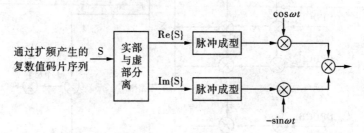

图 5-7　上行链路调制

5.4.2　下行链路的扩频与调制

图 5-8 给出了除 SCH 外的所有下行物理信道的扩频流程。待扩的物理信道包含一个实数值符号序列，除 AICH 信道之外，符号值可以取 +1、-1 或 0，这里的 0 代表不连续传输(DTX)。对 AICH 信道来说，符号的取值依赖于待发射的获得指示(AI)的精确组合。

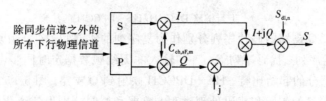

图 5-8　下行链路的扩频

每一对连续的符号都要首先进行串/并转换，映射到 I、Q 两个支路上去，编号为偶数和奇数的符号分别映射到 I 支路和 Q 支路。除 AICH 信道之外，编号为 0 的符号定义为每帧的第一个符号；对 AICH 信道，编号为 0 的符号定义为每个接入时隙的第一个符号。I 支路和 Q 支路通过相同的实数值信道化码 $C_{ch,SF,m}$ 扩频到指定的码片速率，实数值的 I 支路和 Q 支路序列就变为复数值的序列，这个序列经过复数值的扰码 $S_{dl,n}$ 进行加扰处理。对于 P - CCPCH 信道，扰码应与 P - CCPCH 信道的帧边界对齐。而对于下行链路上的其他信道，其扰码应与 P - CCPCH 信道的扰码对齐，但不必与待加扰的物理信道的帧边界对齐。

　　下行链路的调制过程如图 5 - 9 所示，调制码片速率为 3.84 Mchip/s。调制映射器对 QPSK 信号和 16QAM 信号的处理方法不同，采用 QPSK 调制的物理信道为 P - CCPCH、S - CCPCH、CPICH、AICH、AP - AICH、CSICH、CD/CA - ICH、PICH、PDSCH、HS - SCCH 和下行链路 DPCH。SCH 由实符号序列组成，不经过扩频和调制的处理。HS - DSCH 采用 QPSK 和 16QAM 调制。除承载签名序列的指示符信道和 HS - PDSCH 外，所有信道的符号序列的取值均为 +1，-1，0。对于承载签名序列的指示符信道，符号值取决于指示符的具体组合。

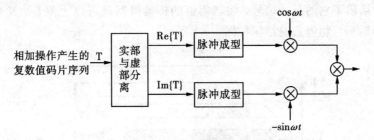

图 5 - 9　下行链路调制

　　采用 QPSK 调制的物理信道的每两个连续符号组成的组序列经过串/并转换之后分别映射到 I 支和 Q 支路。映射的规则是：序号为偶数的符号映射到 I 支路，序号为奇数的符号映射到 Q 支路。除指示符信道外的所有信道，序号 0 的符号作为每帧的第一个符号。而在承载签名序列的指示符信道中，序号 0 的符号作为每个接入时隙的第 1 个符号。I、Q 支路由信道化码序列 $C_{ch, SF, m}$ 扩展为码片速率。信道化码序列的定时必须和符号边界对齐。随后 I、Q 支路上的实数码片序列作为一个复码片序列的实部和虚部进行后面的扰码处理。复码片序列用复扰码序列 $S_{dl, n}$ 进行扰码。P - CCPCH 的扰码序列的定时必须和 P - CCPCH 的帧边界对齐，即 P - CCPCH 帧的第 1 个码片与扰码序列序号为 0 的码片相乘；其他类型的下行链路物理信道，扰码序列必须和 P - CCPCH 帧应用的扰码序列定时对齐，而不必与物理信道的帧边界对齐。

　　采用 16QAM 的物理信道，将一组连续的符号送入调制映射器内，串/并变换后映射到 16QAM 的星座上。I、Q 支路的符号序列由信道化码序列 $C_{ch, 16, m}$ 扩展为码片速率。信道化码序列的定时必须和符号边界对齐。随后 I、Q 支路上的实数码片序列作为一个复码片序列的实部和虚部进行后面的扰码处理。复码片序列用复扰码序列 $S_{dl, n}$ 进行扰码。扰码序列必须和 P - CCPCH 帧应用的扰码序列定时对齐。

第 6 章　TD‑SCDMA 基本原理

6.1　物 理 层 结 构

　　TD‑SCDMA 的物理信道由频率、时隙、信道码和无线帧分配定义。建立一个物理信道的同时，就给出了它的起始帧号。物理信道的持续时间既可以无限长，又可以是定义资源分配的持续时间。物理信道结构如图 6‑1 所示。

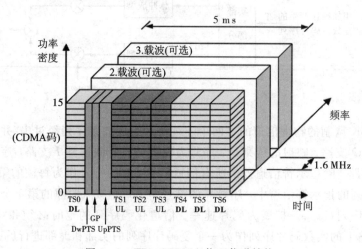

图 6‑1　TD‑SCDMA 物理信道结构

6.1.1　物理信道帧结构

　　TD‑SCDMA 系统的物理信道采用四层结构：系统帧、无线帧、子帧、时隙/码。时隙用于在时域上区分不同的用户信号，具有 TDMA 的特性。图 6‑2 所示为 TD‑SCDMA 的物理信道帧结构。

　　3GPP 定义的一个 TDMA 帧的长度为 10 ms。TD‑SCDMA 系统为了实现快速功率控制和定时提前校准以及对一些新技术的支持（如智能天线、上行同步等），将一个 10 ms 的帧分成两个结构完全相同的子帧，每个子帧的时长为 5 ms。每一个子帧又分成长度为 675 μs 的 7 个常规时隙（TS0～TS6）和 3 个特殊时隙（DwPTS（下行导频时隙）、GP（保护间隔）和 UpPTS（上行导频时隙））。

　　常规时隙用于传送用户数据或控制信息。在这 7 个常规时隙中，TS0 总是固定地用作下行时隙来发送系统广播信息，而 TS1 总是固定地用作上行时隙。其他的常规时隙可以根据需要灵活地配置成上行或下行以实现不对称业务的传输，如分组数据。用作上行链路的时隙和用作下行链路的时隙之间由一个转换点（Switch Point）分开。每个 5 ms 的子帧有两

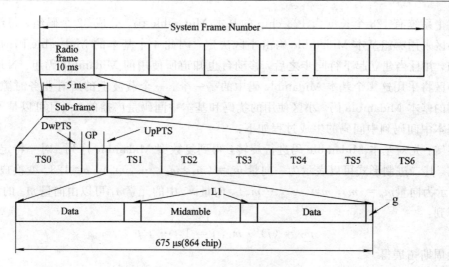

图 6 - 2　TD - SCDMA 物理信道帧结构

个转换点(UL 到 DL 和 DL 到 UL)，第一个转换点固定在 TS0 结束处，而第二个转换点则取决于小区上、下行时隙的配置。

6.1.2　时隙结构

TDD 模式下的物理信道是一个突发信道，在分配到的无线帧中的特定时隙发射。无线帧的分配可以是连续的，即每一帧的相应时隙都分配给某物理信道；分配也可以是不连续的，即将部分无线帧中的相应时隙分配给该物理信道。TD - SCDMA 系统的突发结构如图 6 - 3 所示，图中 chip 表示码片长度。每个突发被分成了四个域：两个长度分别为 352 chip 的数据域、一个长为 144 chip 的训练序列域(Midamble)和一个长为 16 chip 的保护间隔(GP)。一个突发的持续时间是一个时隙。发射机可以同时发射几个突发。

图 6 - 3　TD - SCDMA 系统突发结构

数据域用于承载来自传输信道的用户数据或高层控制信息，除此之外，在专用信道和部分公共信道上，数据域的部分数据符号还被用来承载物理层信令。

数据部分由信道码和扰码共同扩频，即将每一个数据符号转换成一个码片，因而增加了信号带宽。一个符号包含的码片数称为扩频因子，扩频因子可以取 1、2、4、8 或 16。信道码是一个 OVSF(Orthogonal Variable Spreading Factor，正交可变扩频因子)码，物理信道的数据速率取决于所用的 OVSF 码所采用的扩频因子。扰码的作用是区分相邻小区。在发射机同时发射几个突发的情况下，几个突发的数据部分必须使用不同的信道码，但应使用相同的扰码。

Midamble 码长 144 chip，用作扩频突发的训练序列，在同一小区同一时隙上的不同用户所采用的 Midamble 码由同一个基本的 Midamble 码经循环移位后产生。

整个系统有 128 个长度为 128 chip 的基本 Midamble 码,分成 32 个码组,每组 4 个。一个小区采用哪组基本 Midamble 码由小区决定,因此 4 个基本的 Midamble 码的基站是知道的,并且当建立起下行同步之后,移动台也知道所使用的 Midamble 码组。Node B 决定本小区将采用这 4 个基本 Midamble 码中的哪一个。一个载波上的所有业务时隙必须采用相同的基本 Midamble 码。小区使用的扰码和基本中间码是广播的,而且可以是不变的。

基本中间码到中间码的生成过程如下:

旋转:先对基本 Midamble 码进行旋转,得到复数型 Midamble 序列。对一特定的基本中间码,其二进制形式可以表示为一向量 $m_p=(m_1,m_2,\cdots,m_p)$,$p=128$。变换成复数形式,表示为向量 $\underline{m}_p=(\underline{m}_1,\underline{m}_2,\cdots,\cdots\underline{m}_p)$,向量 $\underline{m}_p$ 中的元素 $\underline{m}_i$ 可以由向量 m_p 的元素 m_i 计算得到:

$$\underline{m}_i=(j)^i \cdot m_i,\ i=1,\cdots,p$$

对其做周期拓展得

$$m_i=m_{i-p},\ i=(p+1),\cdots,i_{max}$$

其中,$i_{max}=L_m+(K-1)W$,L_m 是时隙中 Midamble 的长度,$L_m=144$,$K=2,4,6,8,10,12,14,16$。$W=\left\lfloor\dfrac{P}{K}\right\rfloor$,$p=128$,$\lfloor x\rfloor$ 表示小于等于 x 的最大整数。

Midamble 序列选取:按 K 从大到小顺序从 m_1 开始截取,每个序列长度为 L_m,相邻两个 Midamble 序列间的间隔为 W。

原则上,Midamble 码的发射功率与同一个突发中的数据符号的发射功率相同。训练序列的作用体现在上下行信道估计、功率测量、上行同步保持上。传输时 Midamble 码不进行基带处理和扩频,直接与经过基带处理和扩频的数据一起发送,在信道解码时用于信道估计。

1. 下行导频时隙

下行导频时隙结构如图 6-4 所示。

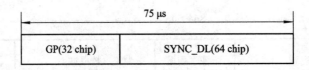

图 6-4　下行导频时隙

每个子帧中的 DwPTS 是为建立下行导频和同步而设计的,由 Node B 以最大功率在全方向或在某一扇区上发射。这个时隙通常是由长为 64 chip 的 SYNC_DL(下行同步序列)和 32 chip 的 GP(保护间隔)组成的。

SYNC_DL 是一组 PN(Pseudo Noise,伪随机噪声)码,用于区分相邻小区,系统中定义了 32 个码组,每组对应一个 SYNC_DL 序列,SYNC_DL 码集在蜂窝网络中可以复用。

2. 上行导频时隙

上行导频时隙结构如图 6-5 所示。

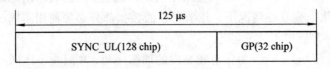

图 6-5　上行导频时隙

每个子帧中的 UpPTS 是为上行同步而设计的，当 UE 处于空中登记和随机接入状态时，它将首先发射 UpPTS，当得到网络的应答后，发送随机接入请求。这个时隙通常是由长为 128 chip 的 SYNC_UL(上行同步序列)和 32 chip 的 GP(保护间隔)组成的。

SYNC_UL 是一组 PN 码，用于在接入过程中区分不同的 UE。整个系统有 256 个不同的 SYNC_UL，分成 32 组，以对应 32 个 SYNC_DL 码，每组有 8 个不同的 SYNC_UL 码，即每一个基站对应于 8 个确定的 SYNC_UL 码。当 UE 要建立上行同步时，将从 8 个已知的 SYNC_UL 中随机选择 1 个，并根据估计的定时和功率值在 UpPTS 中发射。

3. 保护时隙

保护时隙(GP，Guard Period)是在 Node B 侧，由发射向接收转换的保护间隔，时长为 75 μs(96 chip)。它主要用于下行到上行转换的保护：在小区搜索时，确保 DwPTS 可靠接收，防止干扰 UL 工作；在随机接入时，确保 UpPTS 可以提前发射，防止干扰 DL 工作。另外，它从理论上确定了基本的基站覆盖半径。96 chip 对应的距离变化是：$L = (c \times 96/1.28 \text{ M}) \text{km}$，$c$ 代表光速，$c \approx 3 \times 10^8$ m/s，基站覆盖半径即 $L/2 = 11.25$ km。

6.2　传输信道和物理信道

在 TD - SCDMA 系统中存在三种信道模式：逻辑信道、传输信道和物理信道。

(1) 逻辑信道：MAC 子层向 RLC 子层提供的服务，它描述的是传送什么类型的信息。

(2) 传输信道：作为物理层向高层提供的服务，它描述的是信息如何在空中接口上传输。

(3) 物理信道：系统通过物理信道模式直接把需要传输的信息发送出去，也就是说在空中传输的都是物理信道承载的信息。

6.2.1　传输信道

传输信道作为物理信道提供给高层的服务，通常分为两类：一类为公共信道，通常此类信道上的消息是发送给所有用户或一组用户的，但在某一时刻，该信道上的信息也可以针对单一用户，这时需要 UE ID 来识别；另一类为专用信道，此类信道上的信息在某一时刻只发送给单一的用户。

1. 专用传输信道

专用传输信道仅存在一种，即专用信道(DCH)，是一个上行或下行传输信道。

2. 公共传输信道

(1) 广播信道(BCH)。BCH 是一个下行传输信道，用于广播系统和小区的特定消息。

(2) 寻呼信道(PCH)。PCH 是一个下行传输信道，当系统不知道移动台所在的小区时，用于给移动台发送控制信息。PCH 总是在整个小区内进行寻呼信息的发射，与物理层产生的寻呼指示的发射是相随的，以支持有效的睡眠模式，延长终端电池的使用时间。

(3) 前向接入信道(FACH)。FACH 是一个下行传输信道，用于在随机接入过程中，UTRAN 收到了 UE 的接入请求，可以确定 UE 所在小区的前提下向 UE 发送控制消息。有时，也可以使用 FACH 发送短的业务数据包。

(4) 随机接入信道(RACH)。RAH 是一个上行传输信道，用于向 UTRAN 发送控制消息。有时，也可以使用 RACH 发送短的业务数据包。

（5）上行共享信道（USCH）。上行信道被一些 UE 共享，用于承载 UE 的控制和业务数据。

（6）下行共享信道（DSCH）。下行信道被一些 UE 共享，用于承载 UE 的控制和业务数据。

3. 传输信道的一些基本概念

（1）传输块（TB, Transport Block）：定义为物理层与 MAC 子层间的基本交换单元，物理层为每个传输块添加一个 CRC。

（2）传输块集（TBS, Transport Block Set）：定义为多个传输块的集合，这些传输块在物理层与 MAC 子层间的同一传输信道上同时交换。

（3）传输时间间隔（TTI, Transmission Time Interval）：定义为一个传输块集合到达的时间间隔，等于在无线接口上的物理层传送一个 TBS 所需的时间。在每一个 TTI 内，MAC 子层送一个 TBS 到物理层。

（4）传输格式组合指示（TFCI, Transport Format Combination Indicator）：当前 TFC 的一种表示。TFCI 的值和 TFC 是一一对应的，TFCI 用于通知接收侧当前有效的 TFC，即如何解码、解复用以及在适当的传输信道上递交接收到的数据。

6.2.2　物理信道及其分类

物理信道根据其承载的信息不同分成不同的类别，有的物理信道用于承载传输信道的数据，而有些物理信道仅用于承载物理层自身的信息。物理信道也分为专用物理信道和公共物理信道两大类。

1. 专用物理信道

专用物理信道 DPCH（Dedicated Physical CHannel）用于承载来自专用传输信道 DCH 的数据。物理层将根据需要把来自一条或多条 DCH 的层 2 数据组合在一条或多条编码组合传输信道（CCTrCH, Coded Composite Transport CHannel）内，然后根据所配置物理信道的容量将 CCTrCH 数据映射到物理信道的数据域。DPCH 可以位于频带内的任意时隙和使用任意允许的信道码，信道的存在时间取决于承载业务的类别和交织周期。一个 UE 可以在同一时刻被配置多条 DPCH，若 UE 允许多时隙能力，则这些物理信道还可以位于不同的时隙。物理层信令主要用于 DPCH。DPCH 采用了前面介绍的突发结构，支持上、下行数据传输，下行通常采用智能天线进行波束赋形。

2. 公共物理信道

根据所承载传输信道的类型，公共物理信道可分为一系列的控制信道和业务信道。在 3GPP 的定义中，所有的公共物理信道都是单向的（上行或下行）。

（1）主公共控制物理信道（P-CCPCH, Primary Common Control Physical CHannel）：该信道仅用于承载来自传输信道 BCH 的数据，提供全小区覆盖模式下的系统信息广播。在 TD-SCDMA 中，P-CCPCH 的位置（时隙/码）是固定的（TS0）。P-CCPCH 总是采用固定扩频因子 SF=16 的 1 号、2 号码。

（2）辅公共控制物理信道（S-CCPCH, Secondary Common Control Physical CHannel）：该信道用于承载来自传输信道 FACH 和 PCH 的数据，可使用编码组合指示指令（TFCI）。S-CCPCH 总是采用固定扩频因子 SF=16。S-CCPCH 所使用的码和时隙在小区中广播。

（3）物理随机接入信道（PRACH，Physiacal Random Access CHannel）：用于承载来自传输信道 RACH 的数据。PRACH 可以采用扩频因子 SF＝16/8/4，其配置（使用的时隙和码道）通过小区系统信息广播。

（4）快速物理接入信道（FPACH，Fast Physical Access CHannel）：该信道不承载传输信道信息，因而与传输信道不存在映射关系。Node B 使用 FPACH 来响应在 UpPTS 时隙收到的 UE 接入请求，调整 UE 的发送功率和同步偏移。FPACH 使用扩频因子 SF＝16，其配置通过小区系统信息广播。

（5）物理上行共享信道（PUSCH，Physical Uplink Shared CHannel）：用于承载来自传输信道 USCH 的数据。所谓共享指的是同一物理信道可由多个用户分时使用，或者说信道具有较短的持续时间。由于一个 UE 可以并行存在多条 USCH，这些并行的 USCH 数据可以在物理层进行编码组合，因而 PUSCH 信道上可以存在 TFCI。

（6）物理下行共享信道（PDSCH，Physical Downlink Shared CHannel）：用于承载来自传输信道 DSCH 的数据。在下行方向，传输信道 DSCH 不能独立存在，只能与 FACH 或 DCH 相伴而存在，因此作为传输信道载体的 PDSCH 也不能独立存在。DSCH 数据可以在物理层进行编码组合，因而 PDSCH 上可以存在 TFCI。

（7）寻呼指示信道（PICH，Paging Indicator Channel）：该信道不承载传输信道的数据，但却与传输信道 PCH 配对使用，用以指示特定的 UE 是否需要解读其后跟随的 PCH 信道（映射在 S - CCPCH 上）。PICH 的扩频因子 SF＝16。

6.2.3　传输信道到物理信道的映射

表 6 - 1 给出了 TD - SCDMA 系统中传输信道和物理信道的映射关系，表中部分物理信道与传输信道并没有映射关系。按 3GPP 规定，只有映射到同一物理信道的传输信道才能够进行编码组合。由于 PCH 和 FACH 都映射到 S - CCPCH，因此来自 PCH 和 FACH 的数据可以在物理层进行编码组合生成 CCTrCH。其他的传输信道数据都只能自身组合而成，不能相互组合。另外，BCH 和 RACH 由于自身的特殊性，也不可能进行组合。

表 6 - 1　TD - SCDMA 传输信道和物理信道间的映射关系

传 输 信 道	物 理 信 道
DCH	专用物理信道（DPCH）
BCH	主公共控制物理信道（P - CCPCH）
PCH	辅公共控制物理信道（S - CCPCH）
FACH	辅公共控制物理信道（S - CCPCH）
RACH	物理随机接入信道（PRACH）
USCH	物理上行共享信道（PUSCH）
DSCH	物理下行共享信道（PDSCH）
	下行导频信道（DwPCH）
	上行导频信道（UpPCH）
	寻呼指示信道（PICH）
	快速物理接入信道（FPACH）

6.3　信道编码与复用

　　为了保证高层的信息数据在无线信道上可靠地传输，需要对来自 MAC 层和高层的数据流(传输块/传输块集)进行编码/复用后在无线链路上发送，并且将无线链路上接收到的数据进行解码/解复用后再送给 MAC 层和高层。

　　用于上行和下行链路的传输信道编码/复用步骤如图 6-6 所示。

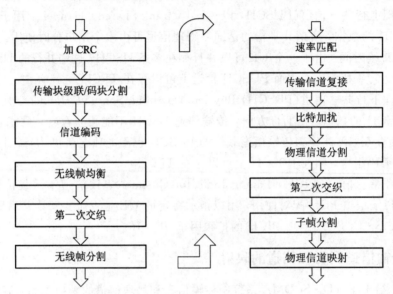

图 6-6　信道编码与复用过程

　　在一个传输时间间隔 TTI 内，来自不同传输信道的数据以传输块的形式到达编码/复用单元，在经过全部 12 步的处理后，被映射到物理信道。这里 TTI 允许的取值间隔是 10 ms、20 ms、40 ms、80 ms。

　　对于每个传输块，需要进行的基带处理步骤包括：

　　(1) 给每个传输块添加 CRC 校验比特。循环冗余校验(CRC，Cyclic Redundancy Check)用于实现差错检测功能。对一个 TTI 内到达的传输块集，CRC 处理单元将为其中的每一个传输块附加上独立的 CRC 码，CRC 码是信息数据通过 CRC 生成器生成的。CRC 码的长度可以为 24、16、12、8 或 0 比特，具体的比特数目由高层根据传输信道所承载的业务类型来决定。

　　(2) 传输块的级联和码块分割。在每一个传输块上附加 CRC 比特后，把一个 TTI 内的传输块按从小到大的编号顺序级联起来，如果级联后的比特序列长度 A 大于最大编码块长度 Z，则需要进行码块分割处理，分割后得到的 C 个码块具有相同的大小。如果 A 不是 C 的整数倍，则在传输信道数据码块的最前端插入填充比特，填充比特为 0。

　　(3) 信道编码。为了提高信息在无线信道传输时的可靠性和数据在信道上的抗干扰能力，WCDMA 使用两种类型的编码：卷积编码和 Turbo 编码，编码速率也有 1/2 和 1/3 两种，不同类型的传输信道使用不同的编码方案。TD-SCDMA 系统则采用了三种信道编码方案：卷积编码、Turbo 编码和无编码。不同类型的传输信道所使用的不同编码方案和码率如表 6 - 2 所示。

表 6 - 2　TD - SCDMA 所采用的信道编码方案和编码

传输信道类型	编码方式	编码率
BCH	卷积编码	1/3
PCH		1/3, 1/2
RACH		1/2
DCH, DSCH, FACH, USCH		1/3, 1/2
	Turbo 编码	1/3
	无编码	

（4）无线帧均衡。无线帧尺寸均衡是针对一个传输信道在一个 TTI 内传输下来的数据块进行的。一个 TTI 的长度为 10 ms、20 ms、40 ms 或 80 ms，对应的这些数据需要被平均分配到 1 个、2 个、4 个或 8 个连续的无线帧上。尺寸均衡是通过在输入比特序列的末尾根据需要加入填充比特(0 或 1)，以保证输出能够被均匀分割。

（5）第一次交织。受传播环境的影响，无线信道是一个高误码率的信道。虽然信道编码产生的冗余可以消除部分误码的影响，但是在信道的深衰落周期，将产生较长时间的连续误码。对于这类误码，信道编码的纠错功能无能为力。交织技术就是为抵抗这种持续时间较长的突发性误码设计的。交织技术把原来顺序的比特流按照一定规律打乱后再发送出去，接收端再按相应的规律将接收到的数据恢复成原来的顺序。这样一来，连续的错误就变成了随机差错，再通过解信道编码，就可以恢复出正确的数据。

（6）无线帧分割。当传输信道的 TTI 大于 10 ms 时，输入比特序列将被分段映射到连续的 F 个无线帧上。(经过第(4)步的无线帧均衡之后，可以保证输入比特序列的长度为 F 的整数倍。)

（7）速率匹配。速率匹配是指传输信道上的比特被重复或打孔。一个传输信道中的比特数在不同的 TTI 可以发生变化，而所配置的物理信道容量(或承载比特数)却是固定的。因而，当不同 TTI 的数据比特发生改变时，为了匹配物理信道的承载能力，输入序列中的一些比特将被重复或打孔，以确保在传输信道复用后总的比特率与所配置的物理信道的总比特率一致。

高层将为每一个传输信道配置一个速率匹配特性。这个特性是半静态的，而且只能通过高层信令来改变。速率匹配算法用于计算重复或打孔的比特数量。

（8）传输信道的复用。每隔 10 ms，来自每个传输信道的无线帧被送到传输信道复用单元。复用单元根据承载业务的类别和高层的设置，分别将其进行复用或组合，构成一条或多条编码组合传输信道(CCTrCH)。

不同传输信道编码和复用到一个 CCTrCH 应符合如下规则：

① 复用到一个 CCTrCH 上的传输信道组合如果因为传输信道的加入、重配置或删除等原因发生变化，那么这种变化只能在无线帧的起始部分进行。

② 不同的 CCTrCH 不能复用到同一条物理信道上。

③ 一条 CCTrCH 可以被映射到一条或多条物理信道上传输。

④ 专用传输信道和公共传输信道不能复用到同一个 CCTrCH 上。

⑤ 公共传输信道中，只有 FACH 或 PCH 可以被复用到一个 CCTrCH 上。

⑥ 每个承载一个 BCH 的 CCTrCH，只能承载一个 BCH，不能再承载别的传输信道。

⑦ 每个承载一个 RACH 的 CCTrCH，只能承载一个 RACH，不能再承载别的传输信道。

因此，有两种类型的 CCTrCH，即：

① 专用 CCTrCH：对应于一个或多个 DCH 的编码和复用结果。

② 公共 CCTrCH：对应于一个公共信道的编码和复用结果。

对于包含下列传输信道的 CCTrCH，可能传送 TFCI 信息：

① USCH 类型。

② DSCH 类型。

③ FACH 和/或 PCH 类型。

（9）物理信道的分割。一条 CCTrCH 的数据速率可能要超过单条物理信道的承载能力，这就需要对 CCTrCH 数据进行分割处理，以便将比特流分配到不同的物理信道中。

（10）第二次交织。一般有两种方案：基于帧和基于时隙的。前者是对 CCTrCH 映射无线帧上的所有数据比特进行的，后者则是对映射到每一时隙的数据比特进行的。具体采用哪种方案由高层指示。

（11）子帧分割。在前面的步骤中，级联和分割等操作都是以最小时间间隔（10 ms）或一个无线帧为基本单位进行的。为了将数据流映射到物理信道上，还必须将一个无线帧的数据分割为两部分，即分别映射到两个子帧之中。

（12）到物理信道的映射。将子帧分割输出的比特流映射到该子帧中对应时隙的码道上。

6.4　扩 频 与 调 制

在 TD － SCDMA 系统中，经过物理信道映射后的数据流还要进行数据调制和扩频调制。

数据调制可以采用 QPSK 或者 8PSK 的方式，即将连续的 2 个比特（采用 QPSK）或者连续的 3 个比特（采用 8PSK）映射为一个符号，数据调制后的复数符号再进行扩频调制。TD － SCDMA 扩频调制时采用的扩频码是 OVSF 码，其特点是正交性较好。扩频因子的范围为 1～16，扩频后的码片速率为 1.28 Mc/s，调制符号的速率为 80.0 k symbol/s～1.28 M symbl/s。扩频和调制过程如图 6 - 7 所示。

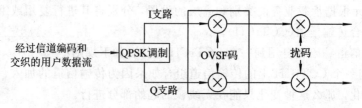

图 6 - 7　扩频与调制过程

6.4.1 数据调制

调制就是对信息源信息进行编码的过程，其目的就是使携带信息的信号与信道特征相匹配以及有效地利用信道。TD - SCDMA 系统的数据调制通常采用 QPSK，在提供 2 Mb/s 业务时采用 8PSK 调制方式。

1. QPSK 调制

QPSK 数据调制实际上是将连续的两个二进制比特映射为一个复数值的数据符号，如表 6 - 3 所示。

表 6 - 3 两个连续二进制比特映射到复数符号

连续二进制比特	复数符号
00	$+j$
01	$+1$
10	-1
11	$-j$

2. 8PSK 调制

在 TD - SCDMA 系统中，对于 2 Mb/s 业务采用 8PSK 进行数据调制。8PSK 数据调制实际上是将连续的三个二进制比特映射为一个复数值的数据符号，其数据映射关系如表 6 - 4 所示。此时帧结构中将不使用训练序列，全部是数据区，且只有一个时隙，数据区前加一个序列。

表 6 - 4 三个连续二进制比特映射到复数符号

连续二进制比特	复 数 符 号
000	$\cos(11\pi/8)+j\sin(11\pi/8)$
001	$\cos(9\pi/8)+j\sin(9\pi/8)$
010	$\cos(5\pi/8)+j\sin(5\pi/8)$
011	$\cos(7\pi/8)+j\sin(7\pi/8)$
100	$\cos(13\pi/8)+j\sin(13\pi/8)$
101	$\cos(15\pi/8)+j\sin(15\pi/8)$
110	$\cos(3\pi/8)+j\sin(3\pi/8)$
111	$\cos(\pi/8)+j\sin(\pi/8)$

6.4.2 扩频调制

因为 TD - SCDMA 与其他第三代移动通信标准一样，均采用 CDMA 的多址接入技术，所以扩频是其物理层很重要的一个步骤。扩频操作位于数据调制之后和脉冲成形之前。扩频调制主要分为扩频和加扰两步：第一步操作是用扩频码对数据信号扩频，其扩频因子(SF, Spreading Factor)在 1～16 之间；第二步操作是加扰码，将扰码加到扩频后的信号中，具体如图 6 - 8 所示。

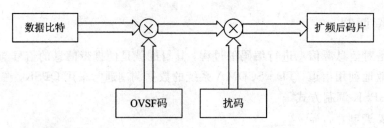

TD-SCDMA中，上行信道码的SF为：1，2，4，8，16
下行信道码的SF为：1，16

图 6-8　扩频调制

所谓扩频，就是用高于数据比特速率的数字序列与信道数据相乘，相乘的结果扩展了信号的带宽，将比特速率的数据流转换成了具有码片速率的数据流。所使用的数字序列称为扩频码，这是一组长度可以不同但仍相互正交的码组。

1. 正交可变扩频因子(OVSF)码

在 TD-SCDMA 系统中，使用 OVSF(正交可变扩频因子)作为扩频码，上行方向的扩频因子为 1、2、4、8、16，下行方向的扩频因子为 1、16。使用 OVSF 扩频码可以使同一时隙下的扩频码有不同的扩频因子，但是扩频码之间仍然保持正交。OVSF 码可以用图 6-9 所示的码树来定义。

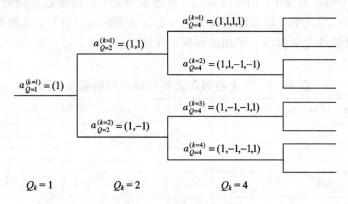

图 6-9　OVSF 码树

在 TD-SCDMA 系统中，$n \leqslant 4$，因此最大的扩频因子是 16。

一个时隙可使用的码的数目是不固定的，而是与每个物理信道的数据速率和扩频因子有关。

2. 扰码

扰码与扩频类似，也是用一个数字序列与扩频处理后的数据相乘。与扩频不同的是，扰码用的数字序列与扩频后的信号序列具有相同的码片速率，所做的乘法运算是一种逐码片相乘的运算。

扰码的目的是为了标识数据的小区属性，将不同的小区区分开来。扰码是在扩频之后使用的，因此它不会改变信号的带宽，而只是将来自不同信源的信号区分开来。这样，既使多个发射机使用相同的码字扩频，也不会出现问题。

在 TD-SCDMA 系统中，扰码序列的长度固定为 16，系统共定义了 128 个扰码，每个小区配置 4 个。

用户特定的扩频码和小区特定的扰码组合可以看做是一个用户和小区特有的扩频码。

6.4.3　同步码的产生

同步技术(Synchronisation)是 TD - SCDMA 系统中重要的关键技术之一,它的应用能最大程度地降低干扰,从而提高系统的容量。SYNC_DL、SYNC_UL 码都是直接以码片速率的形式给出的,不需要进行扩频。此外,它们在不同的小区有不同的配置,因而也不需要进行加扰处理。它们都可以在 3GPP 规范中查到,不需要任何生成过程,都是以实数值的形式给出,所需的处理只是需要在无线信道上把它们发送出去前进行复数化处理。

1. 下行同步码(SYNC_DL)

SYNC_DL 用来区分相邻小区,在下行导频时隙(DwPTS)中发射。与 SYNC_DL 有关的过程是下行同步、码识别和 P - CCPCH 交织时间的确定。

整个系统有 32 个长度为 64 的基本 SYNC_DL 码。一个 SYNC_DL 唯一标识一个小区和一个码组。一个码组包含 8 个 SYNC_UL 和 4 个特定的扰码,每个扰码对应一个特定的基本 Midamble 码。

基站将在小区的全方向或在固定波束方向以满功率发送 DwPTS,它同时起到了导频和下行同步的作用。DwPTS 由长为 64 chip 的 SYNC_DL 和长为 32 chip 的 GP 组成,DwPTS 是一个 QPSK 调制信号。

2. 上行同步码(SYNC_UL)

SYNC_UL 在上行导频时隙(UpPTS)中发送,与 SYNC_UL 有关的是上行同步和随机接入过程。

整个系统有 256 个长度为 128 chip 的基本 SYNC_UL,分成 32 组,每组 8 个。SYNC_UL 码组由小区的 SYNC_DL 确定,因此,8 个 SYNC_UL 对基站和已下行同步的 UE 来说都是已知的。当 UE 要建立上行同步时,将从 8 个已知的 SYNC_UL 中随机选择 1 个,并根据估计的定时和功率值在 UpPTS 中发射。

3. 码分配

在 TD - SCDMA 系统中,一共定义了 32 个下行同步码(SYNC_DL)、256 个上行同步码(SYNC_UL)、128 个训练序列(Midamble)和 128 个扰码(Scrambling code)。所有这些码被分成 32 个码组,每个码组由 1 个下行同步码、8 个上行同步码、4 个训练序列和 4 个扰码组成。不同的邻近小区将使用不同的码组。对 UE 来说,只要确定了小区使用的下行同步码,就能找到训练序列和扰码,而上行同步码是在该小区所用的 8 个上行同步码中随机选择一个来发送的。

SYNC_DL 和 SYNC_UL 序列及扰码和 Midamble 训练序列码间的关系如表 6 - 5 所示。

表 6 - 5　**SYNC_DL、SYNC_UL、扰码和 Midamble 码间的关系**

Code Group	Associated Codes			
	SYNC - DL ID	SYNC - ULID (coding criteria)	Scrambling Code ID(coding criteria)	Basic Midamble Code ID (coding criteria)
Group 1	0	0~7 (000~111)	0(00)	0(00)
			1(01)	1(01)
			2(10)	2(10)
			3(11)	3(11)

Code Group	Associated Codes			
	SYNC‑DL ID	SYNC‑ULID (coding criteria)	Scrambling Code ID(coding criteria)	Basic Midamble Code ID (coding criteria)
Group 2	1	8～15 (000～111)	4(00)	4(00)
			5(01)	5(01)
			6(10)	6(10)
			7(11)	7(11)
Group 32	31	248～255 (000～111)	124(00)	124(00)
			125(01)	125(01)
			126(10)	126(10)
			127(11)	127(11)

6.5　物理层处理过程

在 TD‑SCDMA 系统中,很多技术需要物理层的支持,这种支持体现为相关的物理层处理,如小区搜索、上行同步、随机接入等。

6.5.1　小区搜索过程

在初始小区搜索中,UE 搜索到一个小区,并检测其所发射的 DwPTS,建立下行同步,获得小区扰码和基本 Midamble 码,控制复帧同步,然后读取 BCH 信息。

初始小区搜索步骤如下:

(1)搜索 DwPTS。移动台接入系统的第一步是获得与当前小区的同步,该过程是通过捕获小区下行导频时隙 DwPTS 中的 SYNC_DL 来实现的。系统中相邻小区的下行同步码互不相同,不相邻小区的下行同步码可以复用。

按照 TD‑SCDMA 的无线帧结构,下行同步码在系统中每 5 ms 发送一次,并且每次都用全向天线以恒定满功率值发送该信息。移动台接入系统时,对 32 个下行同步码进行逐一搜索,即用接收信号与 32 个可能的下行同步码逐一作相关,由于该码字彼此间具有很好的正交性,获取相关峰值最大的码字被认为是当前接入小区使用的下行同步码。同时,根据相关峰值的时间位置也可以初步确定系统下行的定时。

(2)扰码和基本训练序列码识别。UE 接收到位于 DwPTS 时隙之前的 P‑CCPCH 上的训练序列。每个下行同步码对应一组 4 个不同的基本训练序列,因此共有 128 个互不相同的基本训练序列,并且这些码字相互不重叠。基本训练序列的编号除以 4 就是 SYNC_DL 码的编号。因此,32 个 SYNC_DL 和 P‑CCPCH 的 32 组训练序列一一对应,一旦下行同步码检测出来,UE 就会知道是哪 4 个基本的训练被使用。然后,UE 只需要通过分别使用这 4 个基本训练序列进行符号到符号的相关性判断,就可以确定该基本训练序列是 4 个码中的哪一个。在一帧中使用相同的基本训练序列,而每个扰码和特定的训练序列相对应,因此就可以确定扰码。根据搜索训练序列结果,UE 可以进行下一步或返回到第一步。

（3）控制复帧同步。UE 搜索 P - CCPCH 的广播信息中的复帧主指示块 MIB（Master Indication Block）。为了正确解出 BCH 中的信息，UE 必须知道每一帧的系统帧号。系统帧号出现在物理信道 QPSK 调制时相位变化的排列图案中。通过采用 QPSK 调制对 n 个连续的 DwPTS 时隙进行相位检测，就可以找到系统帧号，即取得复帧同步。这样，BCH 信息在 P - CCPCH 帧结构中的位置就可以确定了。根据复帧同步结果，UE 可能执行步骤（4）或者返回步骤（2）。

（4）读取广播信道 BCH。UE 在发起一次呼叫前，必须获得一些与当前所在小区相关的系统信息，比如可使用的 PRACH、FPACH 和 S - CCPCH（承载 FACH 逻辑信道）资源及它们所使用的一些参数（码、扩频因子、中间码、时隙）等，这些信息周期性地在 BCH 上广播。BCH 是一个传输信道，它映射到 P - CCPCH。UE 利用前几步已经识别出的扰码、基本训练序列码、复帧头读取时被搜索到小区的 BCH 上的广播信息，从而得到小区的配置等公用信息。

6.5.2　上行同步过程

对于 TD - SCDMA 系统来说，上行同步是 UE 发起一个业务呼叫前必需的过程。如果 UE 仅驻留在某小区而没有呼叫业务，UE 不用启动上行同步过程。因为在空闲模式下，UE 和 Node B 之间仅建立了下行同步，此时 UE 与 Node B 间的距离是未知的，UE 不能准确知道发送随机接入请求消息时所需要的发射功率和定时提前量，此时系统还不能正确接收 UE 发送的消息。因此，为了避免上行传输的不同步带给业务时隙的干扰，需要首先在上行方向的特殊时隙 UpPTS 上发送 SYNC_UL 消息，UpPTS 时隙专用于 UE 和系统的上行同步，没有用户的业务数据。

TD - SCDMA 系统对上行同步定时有着严格的要求，不同用户的数据都要以基站的时间为准，在预定的时刻到达 Node B。

按照系统的设置，每个 DwPTS 序列号对应 8 个 SYNC_UL 码字，UE 根据收到的 DwPTS 信息，随机决定将要使用的上行 SYNC_UL 码。Node B 采用逐个作相关的方法可判断出 UE 当前使用的是哪个上行同步码。具体步骤如下：

（1）下行同步的建立，即上述小区搜索过程。

（2）上行同步的建立。UE 根据在 DwPTS 或 P - CCPCH 上接收到信号的时间和功率大小，决定 UpPCH 所采用的初始发射时间和初始发送功率。Node B 在搜索窗内检测出 SYNC_UL 后，就可得到 SYNC_UL 的定时和功率信息，并由此决定 UE 应该使用的发送功率和时间调整值，在接下来的 4 个子帧（20 ms）内通过 FPACH 发送给 UE，否则 UE 视此次同步建立的过程失败，在一定时间后将重新启动上行同步过程。在 FPACH 中还包含了 UE 初选的 SYNC_UL 码字信息以及 Node B 接收到 SYNC_UL 的相对时间，以区分在同一时间段内所使用的不同的 SYNC_UL 的 UE，以及不同时间段内所使用的相同的 SYNC_UL 的 UE。UE 在 FPACH 上接收到这些信息的控制命令后，就可以知道自己的上行同步请求是否已经被系统接受。上行同步的建立过程同样也适用于上行失步时的上行同步再建立过程。

（3）上行同步的保持。Node B 在每一上行时隙检测 Midamble，估计 UE 的发射功率和发射时间偏移,然后在下一个下行时隙发送 SS 命令和 TPC 命令进行闭环控制。

6.5.3 基站间同步

TD - SCDMA 系统中的同步技术主要由两部分组成:一部分是基站间的同步(Synchronization of Node Bs);另一部分是移动台间的上行同步技术(Uplink Syncronization)。

在大多数情况下,为了增加系统容量和优化切换过程中小区搜索的性能,需要对基站进行同步。一个典型的例子就是存在小区交叠情况时所需的联合控制。实现基站同步的标准主要有可靠性和稳定性、低实现成本、尽可能小地影响空中接口的业务容量。

所有的具体规范目前尚处于进一步研究和验证阶段,其中比较典型的有如下四种方案(目前主要在 R5 中有讨论):

(1) 基站同步通过空中接口中的特定突发时隙,即网络同步突发(Network Synchronzation Burst)来实现。该时隙按照规定的周期在事先设定的时隙上发送,在接收该时隙的同时,此小区将停止发送任何信息,基站通过接受该时隙来相应地调整其帧同步。

(2) 基站通过接收其他小区的下行导频时隙(DwPTS)来实现同步。

(3) RNC 通过 Iub 接口向基站发布同步信息。

(4) 借助于卫星同步系统(如 GPS)来实现基站同步。

Node B 之间的同步只能在同一个运营商的系统内部进行。在基于主从结构的系统中,当在某一本地网中只有一个 RNC 时,可由 RNC 向各个 Node B 发射网络同步突发,或者是在一个较大的网络中,网络同步突发先由移动交换中心(MSC)发给各个 RNC,然后再由RNC 发给每个 Node B。

在多 MSC 系统中,系统间的同步可以通过运营商提供的公共时钟来实现。

6.5.4 随机接入过程

随机接入过程分为三个部分。

1. 随机接入准备

当 UE 处于空闲状态时,它将维持下行同步并读取小区广播信息。UE 从下行导频信道(DwPCH)中获得下行同步码后,就可以得到为随机接入而分配给上行导频信道(UpPCH)的 8 个 SYNC_UL 码。PRACH、FPACH 和 S - CCPCH 信道的详细信息(采用的码、扩频因子、Midamble 码和时隙)会在 BCH 中广播。

2. 随机接入过程

(1) 在 UpPTS 中,紧随保护时隙之后的 SYNC_UL 序列仅用于上行同步,UE 从它要接入的小区所采用的 8 个可能的 SYNC_UL 码中随机选择一个,并在 UpPTS 物理信道上将它发送到基站。然后 UE 确定 UpPTS 的发射时间和功率(开环过程),以便在 UpPTS 物理信道上发射选定的特征码。

(2) Node B 检测到来自 UE 的 UpPTS 信息,那么它到达的时间和接收功率也就知道了。Node B 确定发射功率更新和定时调整的指令,并在以后的 4 个子帧内通过 FPACH(一个突发/子帧消息)将它发送给 UE。

(3) 当 UE 从选定的 FPACH(与所选特征码对应的 FPACH)中收到上述控制信息时,

表明 Node B 已经收到了 UpPTS 序列。然后，UE 将调整发射时间和功率，并确保在接下来的两帧后，在对应于 FPACH 的 PRACH 信道上发送 RACH。在这一步，UE 发送到 Node B 的 RACH 将具有较高的同步精度。

（4）UE 将会在对应于 FACH 的 CCPCH 的信道上接收到来自网络的响应，指示 UE 发出的随机接入是否被接收，如果被接收，将在网络分配的 UL 及 DL 专用信道上通过 FACH 建立起上、下行链路。

（5）在利用分配的资源发送信息之前，UE 可以发送第二个 UpPTS 并等待来自 FPACH 的响应，从而可得到下一步的发射功率和 SS 的更新指令。

（6）基站在 FACH 信道上传送带有信道分配信息的消息，基站和 UE 间进行信令及业务信息的交互。

随机接入过程如图 6 - 10 所示。

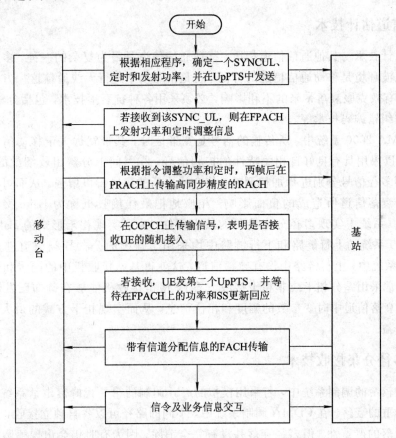

图 6 - 10　TD - SCDMA 的随机接入过程

3. 随机接入冲突处理

在有可能发生碰撞的情况下，或在较差的传播环境中，Node B 不发射 FPACH，也不能接收 SYNC_UL，也就是说，在这种情况下，UE 得不到 Node B 的任何响应。因此，UE 必须通过新的测量来调整发射时间和发射功率，并在一个随机延时后重新发射 SYNC_UL。注意：每次（重）发射，UE 都将重新随机地选择 SYNC_UL 突发。

第 7 章　CDMA 2000 关键技术

本章介绍 CDMA 的关键技术,包括信道估计与多径分集接收技术、信道编码技术、功率控制技术、宏分集和软切换技术。

7.1　信道估计与多径分集接收技术

7.1.1　信道估计技术

信道估计技术与其他通信信道相比,移动通信信道是最为复杂的一种。多径衰落和复杂恶劣的电波环境是移动通信信道的特征,这是由运动中进行无线通信这一方式本身所决定的。为了有效克服衰落带来的不利影响,必须采用各种抗衰落技术,包括分集接收技术、均衡技术和纠错编码技术等。

在 CDMA 2000 系统中,所传输的信号是宽带信号,其带宽远大于移动信道的相干带宽,因而可以采用具有良好自相关特性的扩频信号,在时间上分辨出较细微的多径分量。对分辨出的多径信号分别进行加权调整,使合成之后的信号得以增强,从而可在较大程度上降低多径衰落信道所造成的负面影响。相应地把最佳接收机称为 Bake 接收机,它是 CDMA 2000 系统中实现多径分集接收的核心部件。为了实现相干形式的 Bake 接收,在 CDMA 2000 系统的上行链路和下行链路中均采用了连续的公共导频信道进行信道估计(在 Is - 95 系统中,上行链路中没有导频信道,这使得基站接收机中的同步和信道估计变得困难,通常采用差分相干或非相干接收方案),使得接收机能够在确知已发数据的条件下,估计出衰落信道中时变参数的幅度和相位信息,从而实现相干方式的最大比合并,以获得合并增益。

7.1.2　多径分集接收技术

在频带较窄的调制系统中,若采用模拟的 FM 调制的第一代蜂窝电话系统,则多径的存在导致严重的衰落。在 CDMA 调制系统中,不同的路径可以各自独立接收,从而显著地降低多径衰落的严重性。但多径衰落并没有完全消除,因为有时仍会出现解调器无法独立处理的多路径,这种情况导致某些衰落现象。分集接收是减少衰落的好方法。它充分利用传输中的多径信号能量,把时域、空域、频域中分散的能量收集起来,以改善传输的可靠性。

分集接收的基本原理是通过多个信道(时间、频率或者空间)接收到承载相同信息的多个副本,由于多个信道的传输特性不同,信号多个副本的衰落就不会相同。接收机使用多个副本包含的信息能比较正确的恢复出原发送信号。如果不采用分集技术,在噪声受限的条件下,发射机必须要发送较高的功率,才能保证信道情况较差时链路的正常连接。在移动无线环境中，由于手持终端的电池容量非常有限，所以反向链路中所能获得的功率也非常有限，而采用分集方法可以降低发射功率，这在移动通信中非常重要。

分集技术包括两个方面：一是分散传输，使接收机能够获得多个统计独立的、携带同一信息的衰落信号；二是集中处理，即把接收机收到的多个统计独立的衰落信号进行合并以降低衰落的影响。因此，要获得分集效果最重要的条件是各个信号之间应该是"不相关"的。分集接收有三种类型：时间分集、空间分集、频率分集，它们在 CDMA 中都有应用。下面分别进行介绍。

1. 时间分集

由于移动台的运动，接收信号会产生多普勒频移，在多径环境，这种频移形成多普勒频展。多普勒频展的倒数定义为相干时间，信号衰落发生在传输波形的特定时间上，称为时间选择性衰落。它对数字信号的误码性有明显影响。

若对其振幅进行顺序采样，那么，在时间上间隔足够远（大于相干时间）的两个样点是不相关的，因此可以采用时间分集来减少其影响。即将给定的信号在时间上相隔一定的间隔重复传输 N 次，只要时间间隔大于相干时间就可以得到 N 条独立的分集支路。

从通信原理分析可以知道，在时域上时间间隔 Δt 应该大于时间域相关区间 ΔT，即

$$\Delta t \geqslant \Delta T = \frac{1}{B}$$

其中 B 为多普勒频移的扩散区间，它与移动台的运动速度成正比。可见，时间分集对处于静止状态的移动台是无用的。

时间分集与空间分集相比，其优点是减少了接收天线数目，缺点是要占用更多的时隙资源，从而降低了传输效率。

2. 频率分集

该技术是将待发送的信息分别调制在不同的载波上发送到信道。由于衰落具有频率选择性，当两个频率间隔大于相关带宽时，即

$$\Delta f \geqslant \Delta F = \frac{1}{L}$$

其中 L 为接收信号时延功率谱的带宽，衰落是不相关的。市区与郊区的相关带宽一般分别为 50 kHz 和 250 kHz 左右，而 CDMA 系统的信号带宽为 1.23 MHz，所以可以实现频率分集。

例如，在城市中，800~900 MHz 频段，典型的时延扩散值为 5 μs，这时有

$$\Delta f \geqslant \Delta F = \frac{1}{L} = \frac{1}{5} \mu s = 200 \text{ kHz}$$

即要求频率分集的载波间隔要大于 200 kHz。

频率分集与空间分集相比，其优点是少了接收天线与相应设备的数目；缺点是占用更多的频谱资源，并且在发送端有可能需要采用多部发射机。

3. 空间分集

在基站间隔一定距离设定几副天线，独立地接收、发射信号，可以保证每个信号之间的衰落独立，采用选择性合并技术从中选出信号的一个输出，减少衰落的影响。这是利用不同地点（空间）收到的信号衰落的独立性，实现抗衰落。

空间分集的基本结构为：发射端一副天线发送，接收端 N 部天线接收。

接收天线之间的距离为 d，根据通信原理，d 即为相关区间 ΔR，它应该满足

$$d = \Delta R \geqslant \frac{\lambda}{\varphi}$$

其中，λ 为波长，φ 为天线扩散角。在城市中，扩散角度一般为 $\varphi = 20°$，则有

$$d \geqslant \frac{360°}{20°} \times \frac{1}{2\pi} \times \lambda = \frac{9\lambda}{\pi} \approx 2.86\lambda$$

分集天线数 N 越大，分集效果越好。但是不分集与分集差异较大，属于质变。分集增益正比于分集的数量 N，其改善是有限的，且改善程度随分集数量 N 的增加而逐步减少，称为量变。工程上要在性能与复杂性之间作一个折中，一般取 $N = 2 \sim 4$。

空间分集还有两类变化形式：

（1）极化分集：利用在同一地点两个极化方向相互正交的天线发出的信号，可以呈现出不相关的衰落特性，以获得分集效果。即在发送端天线上安装水平与垂直极化天线，就可以把得到的两路衰落特性不相关的信号进行极化分集。其优点是：结构紧凑、节省空间；缺点是：由于发射功率要分配到两副天线上，因此有 3 dB 损失。

（2）角度分集：利用地形、地貌和建筑物等接收环境的不同，到达接收端的不同路径信号不相关的特性，以获得分集效果。这样在接收端可采用方向性天线，分别指向不同的方向。而每个方向性天线接收到的多径信号是不相关的。

空间分集中，由于接收端有 N 副天线，若 N 副天线尺寸、增益相同，则空间分集除了可获得抗衰落的分集增益以外，还可以获得每副天线 3 dB 的设备增益。

7.2　高效的信道编译码技术

CDMA 2000 采用了循环冗余校验、卷积、块交织、Turbo 码和扰码技术。在 CDMA 2000 系统中，由于传输信道的容量远大于单个用户的信息量，所以特别适于采用高冗余度的前向纠错编码技术。其上行链路和下行链路中均采用了比 IS - 95 系统中码率更低的卷积编码，同时采用交织技术将突发错误分散成随机错误，两者配合使用，从而更加有效地对抗移动信道中的多径衰落。

目前，Turbo 码用于 CDMA 2000 系统的主要困难体现在以下几个方面：

（1）由于交织长度的限制，无法用于速率较低、时延要求较高的数据（包括语音）传输。

（2）基于软输出 MAP 的译码算法所需的计算量和存储量较大，而基于软输出 Viterbi 的译码算法所需的迭代次数往往难以保证。

（3）Turbo 码在衰落信道下的性能还有待于进一步研究。

7.3　功率控制技术

CDMA 2000 1x 中，每个载频的带宽是 1.25 MHz，所有小区中的所有用户使用相同的载频通信，由于频率统一，每个用户对于其他的用户来说是一个干扰。系统通过一种长度为 $2^{15} - 1$ 的伪随机码（一种 PN 码，又称为短码）来区分不同小区，通过 walsh 码来区分

不同的信道，通过一种长度为 $2^{42}-1$ 的 PN 码(又称为长码)来区分来自不同终端的信道。

长码、短码和 walsh 码都是扩频码，它们具有随机特性，但却被有规律地产生，因此称之为伪随机码。伪随机码的正交特性和自相关特性接近高斯噪声的特性，因此被扩频通信系统所广泛使用。

以 1x 系统为例，与反向功率控制相类似，前向功率控制也采用前向闭环功率控制和前向外环功率控制方式。此外，还引入了前向快速功率控制概念。

前向功率控制包括三部分：前向闭环功率控制、前向外环功率控制和前向快速功率控制。

(1) 前向闭环功率控制：闭环功率控制把前向业务信道接收信号的 E_b/N_t(E_b 是平均比特能量；N_t 指的是总的噪声，包括白噪声、来自其他小区的干扰)与相应的外环功率控制设置值相比较，来判定在反向功率控制子信道上发送给基站的功率控制比特的值。

(2) 前向外环功率控制：前向外环功率控制实现点在移动台，基站需要做的工作就是把外环控制的门限值在寻呼消息中发给移动台，其中包括 FCH 和 SCH 的外环上下限和初始门限。

外环功率控制根据指配的前向业务信道要达到的目标误帧率(FER)所需的 E_b/N_t 来估算门限设置值。该设置值或者通过闭环间接通知基站进行功率控制，或者在前向业务信道没有闭环的情况下通过消息通知基站根据设置值的差异来控制发射功率水平。

(3) 前向快速功率控制：在前向外环功率控制"使能"的情况下，前向外环功率控制和前向闭环功率控制共同起作用，达到前向快速功率控制的目标。

前向快速功率控制虽然发生作用的点在基站侧，但是进行功率控制的外环参数和功率控制比特都是移动台检测前向链路的信号质量得出输出结果，并把最后的结果通过反向导频信道上的功率控制子信道传给基站。

7.4　宏分集与软切换

7.4.1　宏分集

宏分集(macrodiversity)是指移动台同时与两个或两个以上的基站保持联系，从而增强接收信号质量。它利用两个或两个以上的不同基站或扇区的天线接收经独立衰落路径的两个或多个慢衰落对数信号。

在 CDMA 系统中，采用宏分集可大大改善反向信道质量，拓展小区覆盖范围并增加反向用户容量。从某种意义上讲，CDMA 系统的软切换过程属于宏分集。宏分集一般存在于 CDMA 网基站的扇区服务交叠区内。

在基站与终端之间提供了一些分组交换连接，这些连接包括实际业务信道和单独的控制信道。在信号传输中，终端采用了 IQ 调制，在该调制中，业务和控制信道被复用以便以不同的支路被发送，并且终端可同时与一个以上的基站通信。为了在分组交换连接中能实现宏分集，在终端与仅一个基站之间还保持实际业务信道连接，而在终端与一个以上基站之间同时保持控制信道连接。

7.4.2 软切换

软切换是 CDMA 移动通信系统所特有的，是 CDMA 2000 采用的切换技术。

软切换只能在相同频率的 CDMA 信道间进行。它在两个基站覆盖区的交界处起到了业务信道的分集作用，这样可大大减少由于切换造成的掉话。因为据以往对 TDMA 的测试统计，无线信道上 90% 的掉话是在切换过程中发生的。实现软切换以后，切换引起掉话的概率大大降低，保证了通信的可靠性。在讲述 CDMA 2000 软切换的流程之前，先介绍几个概念：导频集、搜索窗及切换参数。

1. 导频集

与待机切换类似，切换中也有导频集的概念，终端将所有需要检测的导频信号根据导频 PN 序列的偏置归为以下 4 类：

（1）有效集：当前前向业务信道对应的导频集合。

（2）候选集：不在有效集中，但终端检测到其强度足以供业务正常使用的导频集合。

（3）邻区集：由基站的邻区列表消息所指定的导频的集合。

（4）剩余集：未列入以上三种集合的所有导频的集合。

在搜索导频时，终端按照有效集以及候选集、邻区集和剩余集的顺序测量导频信号的强度。假设有效集以及候选集中有 PN_1、PN_2 和 PN_3，邻区集中有 PN_{11}、PN_{12}、PN_{13} 和 PN_{14}，剩余集中有 PN'、……，则终端测量导频信号的顺序如下：

$$PN_1、PN_2、PN_3、PN_{11}、$$
$$PN_1、PN_2、PN_3、PN_{12}、$$
$$PN_1、PN_2、PN_3、PN_{13}、$$
$$PN_1、PN_2、PN_3、PN_{14}、PN'、$$
$$PN_1、PN_2、PN_3、PN_{11}、$$
$$PN_1、PN_2、PN_3、PN_{12}、……$$

可见，剩余集中的导频被搜索的机会远远小于有效集以及候选集中的导频。

2. 搜索窗

除了导频的搜索次数外，搜索范围也是搜索导频时需要考虑的因素。终端在与基站通信时存在延时。如图 7 - 1 所示，终端与基站 1 有 t_1 的信号延时，与基站 2 有 t_2 的信号延时。

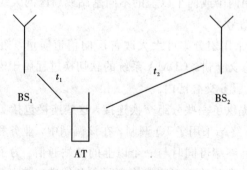

图 7 - 1　基站之间的延时差别

假定终端与基站 1 同步，如果终端与基站 1 的距离小于与基站 2 的距离，必然 $t_1 < t_2$。对终端而言，基站 2 的导频信号会比终端参考时间滞后 $t_2 - t_1$ 出现；而如果终端与基站 1 的距离大于与基站 2 的距离，必然有 $t_1 > t_2$，对终端而言，基站 2 的导频信号会比终端参考时间提前 $t_1 - t_2$ 出现。

因此在检测导频强度时，终端必须在一个范围内搜索才不会漏掉各个集合中的导频信号。终端使用了搜索窗口来捕获导频，也就是对于某个导频序列偏置，终端会提前和滞后一段码片时间来搜索导频。

如图 7-2 所示，终端将以自身的短码相位为中心，在提前于和滞后于搜索窗口的尺寸的一半的短码范围内进行导频信号的搜索。

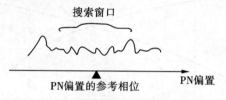

图 7-2　搜索窗口与导频信号

搜索窗口的尺寸越大，搜索的速度就越慢；但是搜索窗口的尺寸过小，会导致延时差别大的导频不能被搜索到。对于每种导频集，基站定义了各自的搜索窗口的尺寸供终端使用。

- SRCH_WIN_A：有效集和候选集导频信号搜索窗口的尺寸；
- SRCH_WIN_N：邻区集导频信号搜索窗口的尺寸；
- SRCH_WIN_R：剩余集导频信号搜索窗口的尺寸；

SRCH_WIN_A 尺寸应该根据预测的传播环境进行设定，该尺寸要足够大，大到能捕获目标基站的所有导频信号的多径部分，同时又应该足够小，从而使搜索窗的性能最佳化。

SRCH_WIN_N 尺寸通常设得比 SRCH_WIN_A 尺寸大，其大小可参照当前基站和邻区基站的物理距离来设定，一般要超过最大信号延时的 2 倍。

SRCH_WIN_R 尺寸一般设得和 SRCH_WIN_N 一样大。如果不需要使用剩余集，可以把 SRCH_WIN_R 设得很小。

3. 参数

- T_ADD：基站将此值设置为移动台对导频信号监测的门限。当移动台发现邻区集或剩余集中某个基站的导频信号强度超过 T_ADD 时，移动台发送一个导频强度测量消息（PSMM），并将该导频转向候选集。
- T_DROP：基站将此值设置为移动台对导频信号下降监测的门限。当移动台发现有效集或候选集中的某个基站的导频信号强度小于 T_DROP 时，就启动该基站对应的切换计时器。
- T_TDROP：基站将此值设置为移动台导频信号下降监测定时器的预置定时值。如果有效集中的导频强度降到 T_DROP 以下，则移动台启动 T_TDROP 计时器；如果计时器超时，则这个导频从有效集退回到邻区集。如果超时前导频强度又回到 T_DROP 以上，则计时器自动被删除。

• T_COMP：基站将此值设置为有效集与候选集导频信号强度的比较门限。当移动台发现候选集中某个基站的导频信号的强度超过了当前有效集中基站导频信号的强度 T_COMP ×0.5 dB 时，就向基站发送导频强度测量消息（PSMM），并开始切换。

4. CDMA 2000 软切换的实现

接收机计算所搜索的导频信号的 Eb/Io 值（作为导频强度），软切换流程如图 7 - 3 所示。

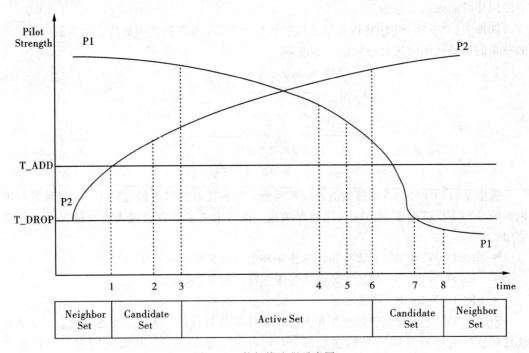

图 7 - 3　软切换流程示意图

图中，P1 表示源小区导频，P2 表示目标小区导频。

• 导频 P2 强度超过 T_ADD 时，移动台把导频移入候选集。

• 导频 P2 强度超过[(SOFT_SLOPE/8)×10×log10(PS1)＋ADD_INTERCEPT/2]时，移动台给基站发送导频强度测量消息（Pilot Strength Measurement Message）。

• 移动台收到基站回的扩展切换指示消息（Extended Handoff Direction Message）后，把导频 P2 加入到有效集，并发送切换完成消息（Handoff Complete Message）。

• 导频 P1 强度降低到低于[(SOFT_SLOPE/8) × 10 × log10(PS2) ＋ DROP_INTERCEPT/2]，移动台启动切换去掉定时器。

• 切换去掉定时器超时后，移动台给基站发送导频强度测量消息。

• 移动台收到基站发来的扩展切换指示消息后，把导频 P1 送入候选集并发送切换完成消息。

• 导频 P1 强度降低到低于 T_DROP 时，移动台启动切换去掉定时器。

• 切换去掉定时器超时后，移动台把导频 P1 从候选集移入邻区集。

第 8 章 WCDMA 关键技术

本章介绍 WCDMA 的关键技术，包括功率控制技术、智能天线技术、分集和 RAKE 接收技术、多用户检测技术、切换技术、无线信道编码、高速下行分组接入技术、软件无线电。

8.1 功率控制技术

功率控制是 WCDMA 系统的关键技术之一。由于远近效应和自干扰问题，功率控制是否有效直接决定了 WCDMA 系统是否可用，并且很大程度上决定了 WCDMA 系统性能的优劣，对于系统容量、覆盖、业务的 QoS(系统服务质量)都有重要影响。

功率控制的作用首先是提高单用户的发射功率以改善该用户的服务质量，但由于远近效应和自干扰的问题，提高单用户发射功率会影响其他用户的服务质量，所以功率控制在 WCDMA 系统中呈现出矛盾的两个方面。

WCDMA 系统采用宽带扩频技术，所有信号共享相同频谱，每个移动台的信号能量被分配在整个频带范围内，这样移动台的信号能量对其他移动台来说就成为宽带噪声。由于在无线电环境中存在阴影、多径衰落和远距离损耗影响，移动台在小区内的位置是随机的且经常变动，所以信号路径损耗变化很大。如果小区中的所有用户均以相同的功率发射，则靠近基站的移动台到达基站的信号强，远离基站的移动台到达基站的信号弱。另外，由于在 WCDMA 系统中，所有小区均采用相同频率，上行链路为不同用户分配的地址码是扰码，且上行同步较难，很难保证完全正交。这将导致强信号掩盖弱信号，即远近效应。

因此，功率控制目的是在保证用户要求的 QoS 的前提下最大程度降低发射功率，减少系统干扰从而增加系统容量。

8.2 分集和 RAKE 接收技术

8.2.1 分集技术

在通信系统中，由于从发射端到接收端的信号要经过各种复杂的地理环境，以至于从发射端发出的信号经过发射、折射、散射等多种传播路径后，到达接收端的信号往往是幅度和相位各不相同的多个信号的叠加，使得接收到的信号出现严重的衰落变化，以至于不能通信。为了有效地对抗信道衰落，可以采用分集技术。分集技术包括两重含义：分散传输，集中处理。常用的分集方式有空间分集、频率分集、角度分集、极化分集等。

对于发射分集，是指在基站侧利用两根被赋予不同加权系数的天线来发射同一个信号，从而使接收端增强接收效果，改善系统信噪比，提高数据传输速率。发射分集包括开环发射分集和闭环发射分集。对于 WCDMA 系统来说，使用的分集技术主要是开环发射分集、闭环发射分集、交织技术和 RAKE 接收技术等。

对于开环发射分集，在 WCDMA 系统中使用了空分发送分集和时间切换发射分集两种方案。它们分别利用的是空间和时间块进行编码。从基站发出的信号经过相应的编码方案，到达移动台进行接收译码。其主要优点是：基站的发射情况不需要使用移动台的反馈作为参考，这样可以不需要额外的信令开销。

闭环发射分集的工作方式是，在下行链路中，基站周期性地发送信号，不同的移动台将接收到的信息反馈给基站，该信息被用来计算对不同移动台的最佳发射权重，从而改善接收效果。这种方式的特点是需要使用移动台的反馈信息来事先了解需要传输信号的信道的状况。

分集技术是一项重要的抗衰落技术，它可以大大提高多径衰落信道下的传输可靠性。其中空间分集技术早期已成功应用于模拟短波通信中。在移动通信中，特别是在数字移动通信和第三代移动通信中，分集技术有了更加广泛的应用。无线信道是随机时变信道，其中的衰落特性会降低通信系统的性能。为了对抗衰落，可以采用信道编解码、抗衰落接收、扩频等多种技术。其中，分集接收技术被认为是明显有效而且经济的抗衰落技术。

分集技术是研究如何充分利用传输中的多径信号能量，以改善传输的可靠性。它也是一项研究利用信号的基本参量在时域、频域和空域中，如何分散开又如何收集起来的技术。为了在接收端得到几乎相互独立的路径，可以通过空域、频域和时域的不同角度、不同方法与措施予以实现。分集接收中，在接收端从不同的 N 个独立信号支路所获得的信号，可以通过不同形式的合并技术来获得分集增益。如果从合并所处的位置来看：合并可以在检测器以前，即在中频和射频上进行；合并也可以在检测器以后，即在基带进行。合并时采用的准则与方式主要分为选择性合并、最大比值合并和等增益合并三种。这三种方法对合并后的信噪比的改善（分集增益）各不相同，但总的来说，分集接收方法对无线信道接收效果的改善非常明显。

8.2.2　RAKE 接收技术

无线信号在传输过程中遇到障碍物阻挡反射后，接收机就会接收到多个不同时延的多径信号。在 TDMA（时分多址）系统中信道带宽小于信道的平坦衰落宽度，所以采用传统的调制技术需要用均衡器来消除码间串扰。而在 WCDMA 系统中，多径信号的时延超过一个码片，接收机可以分别对它们进行解调，然后分别处理合成。如果仅仅是信号的一部分受到衰落的影响，由于在多径信号中含有可以利用的信息，经 RAKE 接收机合并多径信号后可以改善接收信号的信噪比。

作为 RAKE 接收机来说，一个 RAKE 接收机对应一路通信，它可以同时处理空中接口上的多径信号。每个 RAKE 接收机可以由多个相关器组成，在接收时接收多个路径（finger）的信号，也就是一路通信上的多径信号，通过解扩、解扰、时延调整之后进行叠加，最终合并为一路，进行基带信号的逆处理过程。RAKE 接收机所带来的优势就是多径分集，RAKE 接收机配置的最大相关器数决定了基站同时能够处理的多径数量。一般上行链路可处理的多径数最大是 4 个，下行链路最大是 6 个，每径都将接收来自不同路径的一路信号。在多径合并时需要对不同路径信号的时延进行补偿，通过 RAKE 接收机所配置的搜索窗来控制，调整搜索窗相关点的大小，根据相关点大小来估算时延。经多径分离处理后的信号要实现多径合并。通常合并技术有三类：选择性合并、最大比合并和等增益合并。

（1）选择性合并：所有的接收信号送入选择逻辑，选择逻辑从所有接收信号中选择具有最高基带信噪比的基带信号作为输出。

（2）最大比合并：对 M 路信号进行加权再进行同相合并，其输出信噪比等于各路信噪比之和。在各路信号都很差的情况下，即使没有一路信号可以被单独解调时，最大比方法仍然有可能合成出一个达到解调所需信噪比要求的信号。在所有已知的线性分集合并方法中，最大比合并的抗衰落性能是最佳的。

（3）等增益合并：在某些情况下最大比合并需要产生可变的加权因子，这并不方便，因而出现了等增益合并。这种合并方法也是把各支路信号进行同相后再相加，只不过加权时各路的加权因子相同。接收机仍然可以利用同时接收到的各路信号，并且接收机从大量不能够正确解调的信号中合成一个可以正确解调信号的概率仍很大。其性能比最大比合并略差，但比选择性合并要好。

8.3　多用户检测技术

8.3.1　引言

在传统的 WCDMA 接收机中，各个用户的接收是相互独立进行的。在多径衰落环境下，由于各个用户之间所用的扩频码通常难以保持正交，因而造成多个用户之间的相互干扰，并限制系统容量的提高。如果每个用户相对于其他用户的干扰能够消除，那么系统容量会得到很大的提高并且理论上能够消除远近效应。解决此问题的一个有效方法是使用多用户检测技术（MUD）。它是引用信息论并通过严格的理论分析后提出的一种新型抗多址技术，而且通过多用户检测既可以抗多址干扰，又可以抵抗远近效应和多径干扰。

1979 年和 1983 年，K. S. Schneider 和 R. Kohno 分别提出了多用户接收（即多用户检测）的思想，利用其他用户的已知信息消除多址干扰，实现无多址干扰的多用户检测，并指出了一些研究方向。这是多用户检测最早的报导。1986 年，S. Verdu 将多用户检测的理论向前推动了一大步，他提出匹配滤波器组加 Viterbi 译码的异步 CDMA 最佳检测，其复杂度为 2 的用户数减一次方。此后，多用户检测取得了很大的进展。

对于上行链路的多用户检测技术，可去除小区内各用户之间的干扰，而小区间的干扰由于缺乏必要的信息（比如相邻小区的用户情况）可以利用，是难以消除的；对于下行链路的多用户检测，可去除公共信道（如导频、广播信道等）的干扰。

多用户检测考虑到其他用户的信息（如用户之间的相关特性）是已知的，充分利用 CDMA 用户特征码的内在结构信息改善接收系统的性能。比较典型的多用户检测算法有线性解相关算法和干扰抵消算法。线性解相关算法通过估计用户之间的相关矩阵同时检测多个用户的信号；干扰抵消算法则先将干扰信号扣除掉，然后再进行信号检测。多用户检测可以提高系统的容量，克服远近效应的影响。

8.3.2 多用户检测的现状

目前适用于 WCDMA 的多用户检测算法较少，今后多用户检测努力的方向是降低复杂度和针对 WCDMA 系统进行设计。多用户检测技术考虑复杂性和处理时延两大障碍。从处理时延考虑，数十毫秒处理时延对语音信号数据是不可接受的；从复杂性考虑，最佳检测器的指数复杂性是不现实的，次最佳检测的线性复杂度随技术的发展可能会得到广泛应用。多用户检测研究的另一个重要方面是坚韧性：既然任何频率、幅度、相位和定时上的误差都将产生不精确的多址干扰消除，带来系统性能的恶化，多用户检测就必须研究方案应对不理想条件的坚韧性。

多用户检测技术的局限性：多用户检测只是消除了本小区内的干扰，小区间的干扰并没有消除。鉴于多用户检测技术投入使用尚存在上述问题和困难，在 WCDMA 技术上，对多用户检测技术进行研究的工作重点是缩短处理时延，同时在增强坚韧性方面做研究。在此基础上，综合考虑 WCDMA 移动通信系统的性能指标和多用户检测技术实现的复杂度，结合当前微电子技术及 DSP(数字信号处理)器件的发展及其未来的发展趋势，努力找到多用户检测技术具体实现的切入点，以便能够大幅度提高其系统容量的关键技术，必将在未来的移动通信中发挥重要作用。

8.4　切　换　技　术

就 WCDMA 系统而言，切换分成软切换和硬切换两大类。

WCDMA 是频分复用系统，相邻小区之间可以使用相同的频率。同时，在接收端采用了分集接收技术，为移动台同时与多个基站进行通信创造了条件。在这种条件下，移动台在多个基站小区之间进行切换时，就可以采用软切换技术。在发生切换时，只需要改变相应的扩频码，就可以有效地提高切换的通话质量，但是它在一定程度上占用了更多的系统资源。

当用户在网络中移动时，需要机动地建立和释放无线链路，切换控制管理用户的移动性。WCDMA 系统中所使用的这种软切换技术，是 FDMA 和 TDMA 系统所不具备的。软切换可以有效地提高切换的可靠性，大大减少切换过程中造成掉话的概率。同时，软切换提供分集，从而提高了通信的质量。

8.5　无线信道编码

虽然扩频技术有利于克服多径衰落以提高传输质量，但扩频系统存在潜在的频率效率低的缺点，所以系统中必须采用信道编码技术以进一步改善通信质量。此外，在信息传输的过程中，由于信道内部存在噪声或者衰落，增加了传输信息的误码率，为了提高通信的可靠性和安全性，对可能出现的差错进行有效地控制，也同样需要采用信道编码技术。

目前，主要采用前向信道纠错编码和交织技术以进一步克服衰落效应，编码和交织都极大地依赖于信道特性和业务需求。不仅对于业务信道和控制信道采用不同的编码和交织技术，对于同一信道的不同业务也采用不同的编码和交织技术。

对于 WCDMA 系统来说，采用的是卷积码和 Turbo 码。卷积码主要适用于语音和低速信令的传送，编码速率为 1/2 和 1/3，译码比较简单，信道的误码率为 10^{-3}。Turbo 码用于数据业务，译码采用了 Log.MAP 算法，有效地降低了误码率，可以达到 10^{-6}。

WCDMA 选用的码字是：语音和低速信令业务采用卷积码，数据业务采用 Turbo 码的编解码技术。卷积码的解码方法有门限解码、硬判决 Viterbi 解码和软判决 Viterbi 解码。其中软判决 Viterbi 解码的效果最好，是通常采用的解码方法，其与硬判决方法相比复杂度增加不多，但性能上却优于硬判决 $1.5 \sim 2$ dB。

8.6　高速下行分组接入技术

为了很好地解决 WCDMA 系统覆盖与容量之间的矛盾，消除干扰，提升系统容量，满足用户业务需求，在 WCDMA 的后续发展期间产生了许多新技术。其中最值得关注的就是高速下行分组接入（High Speed Downlink Packet Access，HSDPA）。HSDPA 是 3GPP 在 R5 协议中为了满足上/下行数据业务不对称的需求而提出的一种调制解调算法，它可以在不改变已经建设的 WCDMA 网络结构的情况下，把下行数据业务速率提高到 10 Mb/s。该技术是 WCDMA 网络建设后期提高下行容量和数据业务速率的一种重要技术。

HSDPA 采用的关键技术是自适应调制编码（AMC）和混合自动重复（HARQ）。AMC 根据信道的质量情况，选择最合适的调制和编码方式。HSDPA 技术增加了高速下行共享信道（HS-DSCH），并依靠 HARQ 和 AMC 对信道变化进行适应。不同的用户在时分和码分上共享 IS-DSCII 信道。为了承载下行信令，还增加了共享控制信道（HS-SCCII），与 IIS-DSCII 相关的上行采用 DPCCI-I-I-IS 信道，承载 HARQ 的 ACK/NACK 信息和信道质量测量指示（CQj）。同时在 Node B 增加了 MAC-HS 实体，该功能实体包含 HARQ 和 HSDPA 的调度功能以及对 HS-DSCH 的控制功能。

HSDPA 提高下行数据速率的一种方法是采用多天线发射和多天线接收（MIMO）技术，其他技术也对 WCDMA 网络性能的提升提供帮助，比如智能天线 SA 和多用户检测 MUD。前者能显著提高系统的容量和覆盖性能，提高频谱利用率，从而降低运营商成本；后者通过对多个用户信号进行联合检测，从而尽可能地减小多址干扰来达到提高容量或覆盖的目的。

8.7　软件无线电

在不同工作频率、不同调制方式、不同多址方式等多种标准共存的第三代移动通信系统中，软件无线电是一种最有希望解决这些问题的技术之一。软件无线电技术可将模拟信号的数字化过程尽可能地接近天线，即将 AD 转换器尽量靠近 RF 射频前端，利用 DSP 的强大处理能力和软件的灵活性实现信道分离、调制解调、信道编码译码等工作，从而可为第二代移动通信系统向第三代移动通信系统的平滑过渡提供一个良好的无缝解决方案。

第 9 章　TD - SCDMA 关键技术

本章介绍 TD - SCDMA 的关键技术，包括 TDD 技术、智能天线技术、联合检测技术、动态信道分配技术、接力切换技术、功率控制技术。

9.1　TDD 技 术

对于数字移动通信而言，双向通信可以以频率或时间分开，前者称为 FDD（频分双工），后者称为 TDD（时分双工）。对于 FDD，上、下行用不同的频带，一般上、下行的带宽是一致的；而对于 TDD，上、下行用相同的频带。在一个频带内，上、下行占用的时间可根据需要进行调节，并且一般将上、下行占用的时间按固定的间隔分为若干个时间段，称之为时隙。TD - SCDMA 系统采用的双工方式是 TDD。

TDD 技术相对于 FDD 方式来说，有如下优点：

（1）易于使用非对称频段，无需特定双工间隔的成对频段。

TDD 技术不需要成对的频谱，可以利用 FDD 无法利用的不对称频谱，结合 TD - SCDMA 低码片速率的特点，在频谱利用上可以做到"见缝插针"，只要有一个载波的频段就可以使用，从而能够灵活地利用现有的频率资源。目前，移动通信系统面临的一个重大问题就是频谱资源的极度紧张，在这种条件下，要找到符合要求的对称频段非常困难。因此，TDD 模式在频率资源紧张的今天受到特别的重视。

（2）适应用户业务需求，灵活配置时隙，优化频谱效率。

TDD 技术通过调整上、下行切换点来自适应调整系统资源，从而增加系统下行容量，使系统更适于开展不对称业务。

（3）上行和下行使用相同载频，故无线传播是对称的，有利于智能天线技术的实现。

时分双工（TDD）技术是指上、下行在相同的频带内传输，也就是说具有上、下行信道的互易性，即上、下行信道的传播特性一致。因此，可以利用通过上行信道估计的信道参数，使智能天线技术、联合检测技术更容易实现。通过上行信道估计的参数用于下行波束赋形，有利于智能天线技术的实现；通过信道估计得出的系统矩阵用于联合检测和区分不同用户的干扰。

（4）无需笨重的射频双工器，基站小巧，成本低。

由于 TDD 技术上、下行的频带相同，无需进行收发隔离，可以使用单片 IC 实现收发信机，降低了系统成本。

9.2　智能天线技术

9.2.1　概述

　　智能天线的基本思想是：天线以多个高增益、窄波束动态地跟踪多个期望用户，在系统中实现空分多址(SDMA)。在接收模式下，来自窄波束之外的信号被抑制；在发射模式下，能使期望用户接收的信号功率最大，同时使窄波束照射范围以外的非期望用户受到的干扰最小。

　　智能天线技术的核心是自适应天线波束赋形技术。自适应天线波束赋形技术在 20 世纪 60 年代开始发展，其研究对象是雷达天线阵，目的是提高雷达的性能和电子对抗的能力。20 世纪 90 年代中期，各国开始考虑将智能天线技术应用于无线通信系统。美国 Arraycom 公司在时分多址的 PHS 系统中使用了智能天线技术；1997 年，由我国信息产业部电信科学技术研究院控股的北京信威通信技术公司开发成功了使用智能天线技术的 SCDMA 无线用户环路系统。另外，在国内外也开始有众多大学和研究机构广泛地开展对智能天线的波束赋形算法和实现方案的研究。1998 年，我国向国际电联提交的 TD－SCDMA RTT 建议就是第一次提出以智能天线为核心技术的 CDMA 通信系统。

　　移动通信传输环境比较恶劣，由于多径衰落、时延造成的符号间干扰(ISI, Inter－Symbol Interference)、FDMA 和 TDMA 系统由于频率复用引入的共信道干扰(CCI, Co－Channel Interference)、CDMA 系统中的多址干扰(MAI, Multiple Access Interference)等都使链路性能变差、系统容量下降，而我们所熟知的技术如滤波、编码等都是为了对抗或减小这些干扰的影响。这些技术利用的都是时域、频域信息，但实际上有用的信号，其干扰信号在时域和频域存在差异的同时，在空域上也存在差异。分集天线，特别是扇区天线可看做是对这部分区域资源的初步利用，而要更充分地利用它，只有采用智能天线技术。

　　在移动通信发展的早期，运营商为节约投资，总是希望用尽可能少的基站覆盖尽可能大的区域。这就意味着用户的信号在到达基站收发信设备前可能经历了较长的传播路径，有较大的路径损耗，为使接收到的有用信号不低于门限值，可能要增加移动台的发射功率，或者增加基站天线的接收增益。由于移动台的发射功率通常是有限的，真正可行的是增加天线的接收增益，相对而言用智能天线实现较大增益比用单天线容易。

　　在移动通信发展的中晚期，为增加容量、支持更多用户，需要通过收缩小区范围、降低频率复用系数来提高频率利用率，通常采用的措施是小区分裂和扇区化，但随之而来的是干扰增加。利用智能天线可在很大程度上抑制同信道干扰(CCI)和多址干扰(MAI)，从某种角度来看，可以将智能天线看做是更灵活、主瓣更窄的扇区天线。

　　使用智能天线与不使用智能天线的比较如图 9－1 所示。

9.2.2　智能天线的基本概念和原理

　　智能天线原名自适应天线阵列，它是由多个空间分隔的天线阵元组成的，不同天线阵元对信号施以不同的权值，然后相加，产生一个输出信号。每个天线的输出通过接收端的多输入接收机合并在一起，如图 9－2 所示。原来传统的天线是 360° 全向角度，接收天线只

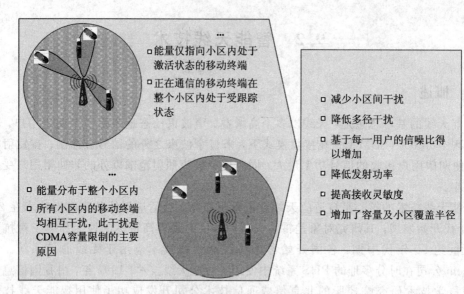

图9-1　使用智能天线与不使用智能天线的比较

能以固定的方式处理信号。天线阵列是空间到达角度的函数，接收机可以在这个角度的范围内对接收的信号进行检测处理，可以动态地调整一些接收机制来提高接收性能，这也是人们称之为"智能天线"的原因。

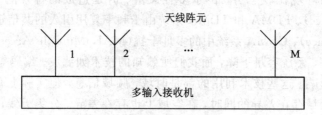

图9-2　天线阵列示意图

　　智能天线技术的原理：使一组天线和对应的收/发信机按照一定的方式排列和激励，利用波的干涉原理可以产生强方向性的辐射方向图。如果使用数字信号处理方法在基带进行处理，使辐射方向图的主瓣自适应地指向用户来波方向，就能达到提高信号的载干比，降低发射功率，提高系统覆盖范围的目的。

　　这里涉及到上行波束赋形（接收）和下行波束赋形（发射）两个概念。

　　（1）上行波束赋形：借助有用信号和干扰信号在入射角度上的差异（DOA，Direction Of Arrival 估计）选择恰当的合并权值（赋形权值计算），形成正确的天线接收模式，即将主瓣对准有用信号，低增益旁瓣对准干扰信号。

　　（2）下行波束赋形：在TDD方式作用的系统中，由于其上、下行电波传播条件相同，所以可以直接将上行波束赋形用于下行波束赋形，形成正确的天线发射模式，即将主瓣对准有用信号，低增益旁瓣对准干扰信号。

9.2.3　智能天线实现示意图

　　智能天线实现示意图如图9-3所示。

　　智能天线系统主要包含如下部分：智能天线阵列（圆阵、线阵）、多射频（RF，Radio

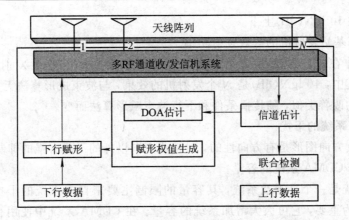

图 9 - 3　智能天线实现示意图

Frequency)通道收/发信机子系统(每根天线对应一个 RF 通道)、基带智能天线算法(基带实现,各用户单独赋形)。对于采用智能天线的 TD - SCDMA 系统来说,Node B 端的处理分为上行链路处理和下行链路处理。

9.2.4　智能天线的分类

智能天线的天线阵是一列取向相同、同极化、低增益的天线,天线阵按照一定的方式排列和激励,利用波的干涉原理产生强方向性的方向图。天线阵的排列方式包括等距直线排列、等距圆周排列、等距平面排列。智能天线的分类有线阵、圆阵、全向阵、定向阵。

9.2.5　天馈系统实物图

天馈系统线阵实物图如图 9 - 4 所示。

天馈系统圆阵实物图如图 9 - 5 所示。

图 9 - 4　天馈系统线阵实物图　　　　　　　图 9 - 5　天馈系统圆阵实物图

9.2.6　智能天线优势

智能天线优势如下:

(1)提高了基站接收机的灵敏度。

基站所接收到的信号为来自各天线单元和收信机所接收到的信号之和。如采用最大功率合成算法,在不计多径传播条件下,总的接收信号将增加 $10 \lg N$(dB),其中,N 为天线单元的数量;存在多径时,此接收灵敏度的改善将随多径传播条件及上行波束赋形算法而变，其结果也在 10 lgN(dB) 上下。

（2）提高了基站发射机的等效发射功率。

发射天线阵在进行波束赋形后，该用户终端所接收到的等效发射功率可能增加 20 lgN(dB)。其中，10 lgN(dB) 是 N 个发射机的效果，与波束成形算法无关，另外部分将和接收灵敏度的改善类似，随传播条件和下行波束赋形算法而变。

（3）降低了系统的干扰。

基站的接收方向图形是有方向性的，对接收方向以外的干扰有强的抑制。

（4）增加了 CDMA 系统的容量。

CDMA 系统是一个自干扰系统，其容量的限制主要来自本系统的干扰。降低干扰对 CDMA 系统极为重要，它可大大增加系统的容量。在 CDMA 系统中使用智能天线后，就提供了将所有扩频码所提供的资源全部利用的可能性。

（5）改进了小区的覆盖。

对使用普通天线的无线基站来说，其小区的覆盖完全由天线的辐射方向图形确定。当然，天线的辐射方向图形是可以根据需要而设计的。但在现场安装后除非更换天线，其辐射方向图形是不可能改变和很难调整的。而智能天线的辐射图形则完全可以用软件控制，在网络覆盖需要调整或由于新的建筑物等原因使原覆盖改变等的情况下，均可以非常简单地通过软件来优化。

（6）降低了无线基站的成本。

在所有无线基站设备的成本中，最昂贵的部分是高功率放大器（HPA）。特别是在 CDMA 系统中要求使用高线性的 HPA，更是其主要部分的成本。智能天线使等效发射功率增加，在同等覆盖要求下，每只功率放大器的输出可能降低 20 lgN(dB)。这样，在智能天线系统中，使用 N 只低功率的放大器来代替单只高功率 HPA 可大大降低成本。此外，还带来了降低对电源的要求和增加可靠性等好处。

9.3　联合检测技术

9.3.1　联合检测的介绍

CDMA 系统中的主要干扰是同频干扰，它可以分为两部分：一部分是小区内部干扰（Intracell Interference），指的是同小区内部其他用户信号造成的干扰，又称多址干扰（MAI，Multiple Access Interference）；另一部分是小区间干扰（Intercell Interference），指的是其他同频小区信号造成的干扰，这部分干扰可以通过合理的小区配置来减小其影响。

CDMA 系统中多个用户的信号在时域和频域上是混叠的，接收时需要在数字域上用一定的信号分离方法把各个用户的信号分离开来。传统的 CDMA 系统信号分离方法是把多址干扰（MAI）看做热噪声一样的干扰，当用户数量上升时，其他用户的干扰也会随着加重，导致检测到的信号刚刚大于 MAI，使信噪比恶化，系统容量也随之下降。这种将单个用户的信号分离看做是各自独立过程的信号分离技术称为单用户检测（Single - user Detection）。

为了进一步提高 CDMA 系统容量，人们探索将其他用户的信息联合加以利用，也就是多个用户同时检测的技术，即多用户检测。多用户检测是利用 MAI 中包含的许多先验信息，如确知的用户信道码、各用户的信道估计等将所有用户信号统一分离的方法。

联合检测技术是多用户检测（Multi-user Detection）技术的一种。单用户检测和多用户检测比较如图 9－6 所示。

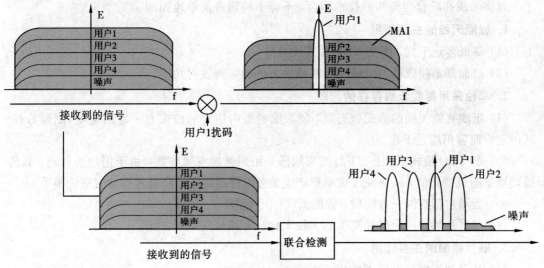

图 9－6　单用户检测和多用户检测比较

9.3.2　联合检测的原理

一个 CDMA 系统的离散模型可以用下式来表示：

$$e = \boldsymbol{A} \cdot \mathrm{d} + \mathrm{n}$$

其中：d 是发射的数据符号序列；e 是接收的数据序列；n 是噪声；$\boldsymbol{A}$ 是与扩频码 c 和信道冲激响应 h 有关的矩阵。只要接收端知道 A（扩频码 c 和信道冲激响应 h），就可以估计出符号序列 $\hat{d}$。对于扩频码 c，系统是已知的，信道冲激响应 h 可以利用突发结构中的训练序列 Midamble 求解出。这样就可以达到估计用户原始信号 d 的目的。联合检测原理示意图如图 9－7 所示。

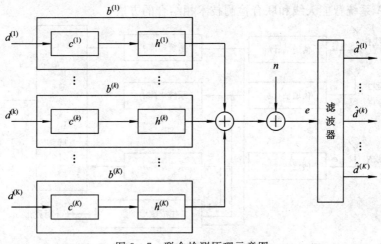

图 9－7　联合检测原理示意图

联合检测的优点是：降低干扰，扩大容量，降低功控要求，削弱远近效应。其缺点是：大大增加系统复杂度，增加系统处理时延，需要消耗一定的资源。

9.3.3 联合检测＋智能天线

智能天线和联合检测两种技术相合，不等于将两者简单地相加。

1．智能天线的主要作用

（1）降低多址干扰，提高 CDMA 系统容量。

（2）增加基站接收机的灵敏度和基站发射机的等效发射功率。

2．单独采用智能天线存在的问题

（1）组成智能天线的阵元数有限，所形成的指向用户的波束有一定的宽度（副瓣），对其他用户而言仍然是干扰。

（2）在 TDD 模式下，上、下行波束赋形采用同样的空间参数，由于用户的移动，其传播环境是随机变化的，从而使波束赋形产生偏差，特别是在用户高速移动时更为显著。

（3）当用户都在同一方向时，智能天线作用有限。

（4）对时延超过一个码片宽度的多径干扰没有简单有效的办法。

3．联合检测的主要作用

（1）基于训练序列的信道估值。

（2）同时处理多码道的干扰抵消。

4．单独采用联合检测会遇到的问题

（1）对小区间的干扰没有办法解决。

（2）信道估计的不准确将影响到干扰消除的效果。

（3）当用户增多或信道增多时，算法的计算量会非常大，难于实时实现。

综上所述，无论是智能天线还是联合检测，单独使用都难以满足第三代移动通信系统的要求，因此必须扬长避短，将两种技术结合使用。

TD－SCDMA 系统中智能天线技术和联合检测技术相结合的方法，使得在计算量未大幅增加的情况下，上行能获得分集接收的好处，下行能实现波束赋形。图 9－8 说明了TD－SCDMA 系统智能天线和联合检测技术相结合的方法。

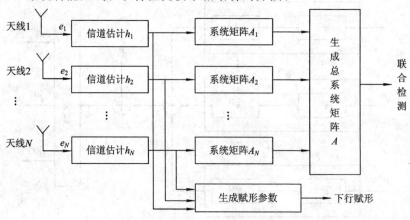

图 9－8 智能天线和联合检测技术结合流程示意图

9.3.4　关键技术论证

联合检测测试验证如表 9-1 所示。

表 9-1　联合检测测试验证

	最大打通 UE 数 （同时 BLER<10^{-2}）	打开和关闭联合检测 RSCP 的差值
单天线，UE 在相同位置	打开联合检测：8	15 dB
	关闭联合检测：2	
8 天线，UE 在相同位置	打开联合检测：8	40 dB
	关闭联合检测：2	
8 天线，UE 在不同位置	打开联合检测：8	35 dB
	关闭联合检测：2	

如图 9-9 所示，在下行满码道的配置下，8 天线比 4 天线提高 2 dB～3 dB 的增益，4 天线比单天线提高 6 dB～10 dB 的增益。即 8 天线上每根天线即使只发射 1 瓦，相当于单天线发射 16 瓦，而根据功放成本，可大大节约成本。

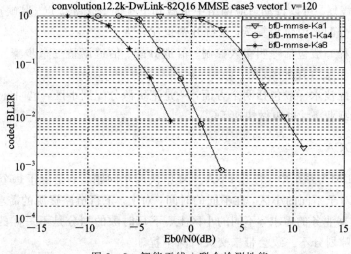

图 9-9　智能天线＋联合检测性能

9.4　动态信道分配技术

9.4.1　动态信道分配方法

在无线通信系统中，无线信道数量有限，是极为珍贵的资源，要提高系统的容量，就要对信道资源进行合理的分配，由此产生了信道分配技术。为了将给定的无线频谱分割成一组彼此分开或者互不干扰的无线信道，使用诸如频分、时分、码分、空分等技术来实现。对于无线通信系统来说，系统的资源包括频率、时隙、码道和空间方向四个方面，一条物理信道由频率、时隙、码道的组合来标志。

根据信道分割的不同方式，信道分配技术可以分为固定信道分配（FCA）、动态信道分配(DCA)和混合信道分配(HCA)。

FCA 指根据预先估计的覆盖区域内的业务负荷将信道资源分给若干个小区，相同的信道集合在间隔一定距离的小区内可以再次利用。FCA 的主要优点是实现简单，缺点是频带利用率低，且不能很好地根据网络中存在的变化及时改变网络中的信道规划。为了克服 FCA 的缺点，人们提出了 DCA。

动态信道分配(DCA)是指信道资源不固定属于一个小区，所有的信道被集中分配，DCA 根据小区的业务负荷，通过信道的通信质量、使用率和复用距离等因素选择最佳的信道，动态地分配给接入的业务。

HCA 是 FCA 和 DCA 的结合，在 HCA 中全部信道被分为固定和动态两个集合。

动态信道分配(DCA)算法具有如下优点：

(1) 能够较好地避免干扰，使信道重用距离最小化，从而高效率地利用有限的天线资源，提高系统容量。

(2) 适应第三代移动通信业务的需要，尤其是高速率的上、下行不对称的数据业务和多媒体业务。

采用 DCA 是 TDD 系统的优势所在，它能够灵活地分配时隙资源，动态地调整上、下行时隙的个数，从而可以灵活地支持对称及非对称的业务。因此，DCA 具有频带利用率高、无需信道预规划、可以自动适应网络中负载和干扰的变化等优点。其缺点是 DCA 算法相对于固定信道分配来说较为复杂，系统开销也比较大。

信道分配过程一般包括呼叫接入控制、信道分配、信道调整三个步骤。不同的信道分配方案在这三个步骤中有所区别。

动态信道分配技术一般包括两个方面：一是把资源分配到小区，也叫慢速 DCA；二是把资源分配给承载业务，也叫做快速 DCA。

9.4.2　慢速 DCA

在 TD-SCDMA 系统中，慢速 DCA 主要解决两个问题：一是由于每个小区的业务量情况不同，所以对于不同的小区，在不同的时间，对上、下行链路资源的需求不同；二是为了满足不对称数据业务的需求，不同的小区上、下行时隙的划分是不一样的，相邻小区间由于上、下行时隙划分不一致会带来交叉时隙干扰。

所以，慢速 DCA 的功能主要有两个方面：一是将资源分配到小区，根据每个小区的业务量情况，动态分配和调整上、下行链路的资源。可以通过动态调整上、下行时隙转换点来实现。二是测量网络端和用户端的干扰，并根据本地干扰情况为信道分配优先级，解决相邻小区间由于上、下行时隙划分不一致所带来的交叉时隙干扰。具体的实现方法是：在小区边界根据用户实测的上、下行干扰情况，然后决定该用户在该时隙进行哪个方向上的通信比较合适。慢速 DCA 完成呼叫接入控制。

9.4.3　快速 DCA

快速 DCA 主要解决以下问题：不同的业务对传输质量和上、下行资源的要求不同，如何选择最优的时隙、码道资源分配给不同的业务，从而达到系统性能要求，并尽可能地进行快速处理。

快速 DCA 包括信道分配和信道调整两个过程。信道分配是根据其需要资源单元的多少为承载业务分配一条或多条物理信道。信道调整（信道重分配）可以通过 RNC 对小区负荷情况、终端移动情况和信道质量的监测结果，动态地对资源单元（主要是时隙和码道）进行调配和切换。

快速 DCA 信道分配包括以下四个方面：

（1）时域动态信道分配。因为 TD - SCDMA 系统采用了 TDMA 技术，在一个 TD - SCDMA 载频上，使用 7 个常规时隙，减少了每个时隙中同时处于激活状态的用户数量。每载频多时隙可以将受干扰最小的时隙动态分配给处于激活状态的用户。

（2）频域动态信道分配。频域 DCA 中每一小区使用多个无线信道（频道）。在给定频谱范围内，与 5 MHz 的带宽相比，TD - SCDMA 的 1.6 MHz 带宽使其具有 3 倍以上的无线信道数（频道数）。可以把激活用户分配在不同的载波上，从而减小小区内用户之间的干扰。

（3）空域动态信道分配。因为 TD - SCDMA 系统采用智能天线技术，可以通过用户定位、波束赋形来减小小区内用户之间的干扰，增加系统容量。

（4）码域动态信道分配。在同一个时隙中，通过改变分配的码道来避免偶然出现的码道质量恶化。

9.4.4　快速 DCA 之码资源分配

在 TD - SCDMA 系统中用扰码来区分小区，用信道化码区分物理信道，相同小区的同一时隙的不同用户用小区基本 Midamble 码循环移位的不同来区分。信道化码即扩频码，TD - SCDMA 采用正交可变扩频因子（OVSF，Orthogonal Variable Spreading Factor）码作为扩频码。由于 OVSF 码是宝贵的稀有资源，一个小区对应一张码表，为了使得系统既能接入尽量多的用户，又提高系统的容量，就必须考虑码资源的合理使用问题，所以对于 OVSF 码资源的规划和管理就非常重要。另外，对于 Midamble 码的分配也需采用一定的策略。

1. OVSF 码

在 TD - SCDMA 系统中，用 OVSF 码作为扩频码，下行链路可采用的扩频码长度为 1 或 16，上行链路可采用的扩频码长度为 1、2、4、8、16。OVSF 码一般用码树来表示。对于 OVSF 码树的码分配需要进行专门管理和控制。

分配码的前提是要保证其到树根路径上和其子树上没有其他码被分配。信道化码分配策略如图 9 - 10 所示。

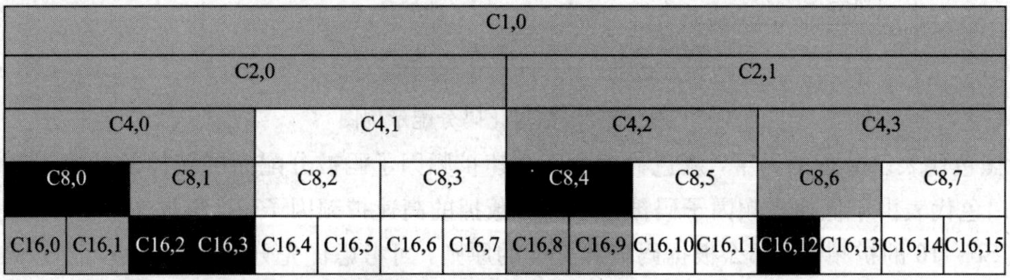

C1,0															
C2,0								C2,1							
C4,0				C4,1				C4,2				C4,3			
C8,0		C8,1		C8,2		C8,3		C8,4		C8,5		C8,6		C8,7	
C16,0	C16,1	C16,2	C16,3	C16,4	C16,5	C16,6	C16,7	C16,8	C16,9	C16,10	C16,11	C16,12	C16,13	C16,14	C16,15

- 黑色的码道表示已经被其他用户所占用。
- 灰色的码道是黑色码道占用后根据码道使用原则被表示为公共占用或已占用状态。
- 图中白色的码道才可以进行分配。

图 9 - 10　信道化码分配策略

分配码的结果会阻塞其子树上的所有低速扩频码和其到根路径上的高速扩频码。如图 9-11 所示,红色(黑色)代表已分配的码,蓝色(灰色)代表被阻塞的码。

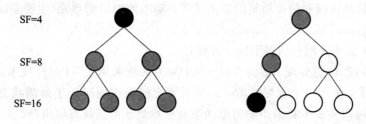

图 9-11 码阻塞示例

所谓码阻塞,是指当一个新的呼叫用户请求资源时,系统检测到此时的干扰很小,完全允许用户接入,而且对于 OVSF 码树来说,剩余的可用码完全能满足申请呼叫的要求,但是由于 OVSF 码的管理混乱,导致无法找到一个合适的码资源,从而造成用户的阻塞。

由上面的分析可知,码阻塞和呼叫阻塞是两个完全不同的概念,前者是由于 OVSF 码树管理不当所致,而后者是由于系统容量和干扰受限所致。

码分配准则考虑两个因素:

(1) 码表利用率高:分配掉的码字所阻塞掉的码字越少,说明码表利用率越高。

(2) 码表复杂度低:尽量用短码分配。比如,一个单码(C4,1)承载能力与(C8,1,C8,3)双码的承载能力是相等的,用一个单码(C4,1)更好。多码传输增加复杂度,应尽量避免。另外,遵循紧挨原则,即在码的分配与管理时,尽量紧挨,以免利用率不高。

信道化码分配示例如图 9-12 所示。

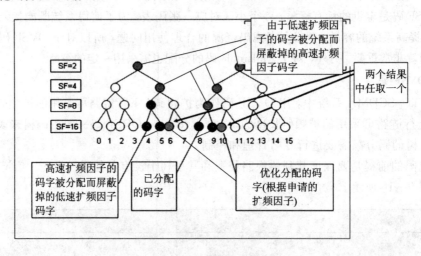

图 9-12 信道化码分配示例图

黑色代表已分配的码字,灰色代表由于高速扩频因子码被分配而屏蔽掉的低速扩频因子码,白色代表由于低速扩频因子码被分配而屏蔽掉的高速扩频因子码。根据图 9-12,如需要分配 SF=16 的扩频码,那么根据码资源分配的原则,可考虑优先分配 6、7、10、11 号码。

2. 训练序列码分配

训练序列码的作用主要包括信道估计、功率测量和上行同步。

训练序列码有三种分配原则,目前采用第二种方式。

（1）UE 特定 Midamble 分配。高层明确地为上行和下行分配 UE 一个特定的 Midamble 码。

（2）默认的 Midamble 码分配。上行和下行 Midamble 码由层 1 根据相应的信道化码来分配。

（3）公共的 Midamble 码分配。下行的 Midamble 码由层 1 根据当前下行时隙中使用的信道化码的个数来分配。

9.4.5　快速 DCA 之信道调整

信道调整和整合的目的是通过资源调整，减少资源碎片以便接纳更多的用户。信道调整和整合的触发原因包括：

（1）负荷控制：各时隙负荷不均衡时。

（2）周期性触发：主要是为了防止分配在许多时隙槽中的物理信道碎片，在干扰容许的前提下，尽可能将所有所分配的物理信道分配在一个时隙内。

（3）动态码资源分配：为了接纳用户需求，当把某些业务调整到其他时隙和码道时对时域和码域的信道调整示例分别见图 9 - 13 和图 9 - 14。

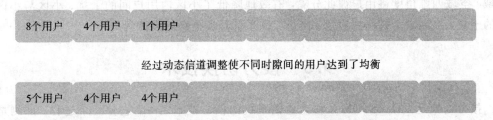

动态调整前时隙间业务分布情况

8个用户　4个用户　1个用户

经过动态信道调整使不同时隙间的用户达到了均衡

5个用户　4个用户　4个用户

经过动态信道调整，使各时隙的负载保持均衡有效降低了负荷较高时隙的各用户的干扰。

图 9 - 13　时域 DCA 信道调整

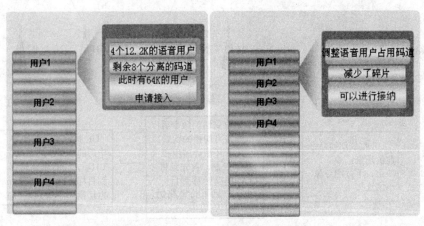

用户1

4个12.2K的语音用户
剩余8个分离的码道
此时有64K的用户
申请接入

用户2

用户3

用户4

用户1

用户2

用户3

用户4

调整语音用户占用码道

减少了碎片

可以进行接纳

码资源调整触发时机
——高优先级业务因码道碎片而被阻塞时触发调整
——周期性检测码表的离散程度，当离散程度较高时即触发

图 9 - 14　码域 DCA 信道调整

9.4.6　TD - SCDMA 对 DCA 的考虑

（1）为了使组网规范，频率分配仍然采用 FCA 方式。

（2）时隙分配必须先于码道分配。

（3）在码道分配时，同一时隙内最好采用相同的扩频因子。

（4）根据 DCA 信息，尽量把相同方向上的用户分散到不同时隙中，把同一时隙内的用户分布在不同的方向上，充分发挥智能天线的空分功效，使多址干扰降至最小。

（5）在接纳控制时，首先搜索已接入用户数小于系统可形成波束数的时隙，然后针对该接入用户进行波束成形，使波束的最大功率点指向该用户。

（6）系统测量最好以 5 ms 子帧为周期进行。

（7）在智能天线波束成形效果足够好的情况下，可以为不同方向上的用户分配相同的频率、时隙、扩频码，将使系统容量成倍地增长。

9.4.7　DCA 小结

DCA 充分体现了 TD - SCDMA 系统频分、时分、码分、空分的特点，从频域、时域、码域、空域四维角度将用户彼此分隔，有效地降低了小区内用户间的干扰、小区与小区之间的干扰，提高整个系统的容量，使得 TD 系统具备更高的频谱利用率。

9.5　接力切换技术

接力切换是 TD - SCDMA 移动通信系统的核心技术之一，它分三个过程，即测量过程、判决过程和执行过程。

同步码分多址通信系统中的接力切换基本过程如图 9 - 15 所示。

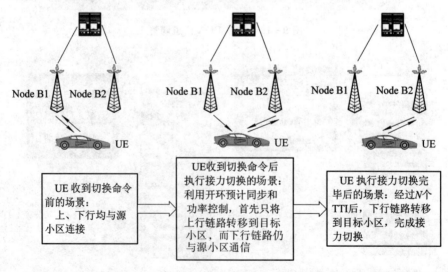

图 9 - 15　接力切换示意图

接力切换的优点如下：

与通常的硬切换相比，接力切换除了要进行硬切换所进行的测量外，还要对符合切换条件的相邻小区的同步时间参数进行测量、计算和保持。接力切换使用上行预同步技术，在切换过程中，UE 从源小区接收下行数据，向目标小区发送上行数据，即上、下行通信链路先后转移到目标小区。上行预同步的技术在移动台与源小区通信保持不变的情况下与目标小区建立起开环同步关系，提前获取切换后的上行信道发送时间，从而达到减少切换时间、提高切换的成功率、降低切换掉话率的目的。接力切换是介于硬切换和软切换之间的一种新的切换方法。

接力切换与软切换相比，两者都具有较高的切换成功率、较低的掉话率以及较小的上行干扰等优点。不同之处在于，接力切换不需要同时有多个基站为一个移动台提供服务，因而克服了软切换占用的信道资源多、信令复杂、增加下行链路干扰等缺点。

接力切换与硬切换相比，两者都具有较高的资源利用率，简单的算法以及较轻的信令负荷等优点。不同之处在于，接力切换断开源基站和与目标基站建立通信链路几乎是同时进行的，因而克服了传统硬切换掉话率高、切换成功率低的缺点。

传统的软切换、硬切换都是在不知道 UE 准确位置的情况下进行的，因而需要对所有相邻小区进行测量，而接力切换只对 UE 移动方向的少数小区进行测量。

9.6　功　率　控　制

功率控制是蜂窝系统中最重要的要求之一。TD - SCDMA 系统是一个干扰受限系统，由于"远近效应"，它的系统容量主要受限于系统内各移动台和基站的干扰，因而，若每个移动台的信号到达基站时都能达到保证通信质量所需的最小信噪比并且保持系统同步，TD - SCDMA 系统的容量将会达到最大。功率控制是在对接收机端的接收信号强度或信噪比等指标进行评估的基础上，适时改变发射功率来补偿无线信道中的路径损耗和衰落，从而既维持了通信质量，又不会对同一无线资源中的其他用户产生额外干扰。另外，功率控制使得发射机功率减小，从而延长电池使用时间。TD - SCDMA 的功率控制特性如表 9 - 3 所示。

表 9 - 3　TD - SCDMA 的功率控制特性

参　　数	上行链路	下行链路
功率控制	可变闭环：0～200 次/秒 开环：(约 200 μs～3575 μs 的延迟)	可变闭环：0～200 次/秒
步长	1, 2, 3 dB(闭环)	1, 2, 3 dB(闭环)
备注	所有数值不包括处理和测量时间	

9.6.1　上行功率控制

对于上行发射功率，系统将通过高层信令指示上行发射功率的最大允许值，这个值应低于由 UE 功率等级确定的最大功率值。上行功率控制必须使总的上行发射功率不得超过这个最大值。

1. UpPCH

UpPCH 的发射功率采用开环功率控制。所谓开环功率控制，是指由于 TD - SCDMA

采用 TDD 模式，上行和下行链路使用相同的频段，因此上、下行链路的平均路径损耗存在显著的相关性。这一特点使得 UE 在接入网络前，或者网络在建立无线链路时，能够根据计算下行链路的路径损耗来估计上行或下行链路的初始发射功率。

开环功控只能在决定接入初期发射功率以及切换时决定切换后初期发射功率的时候使用。

上行开环功率控制由 UE 和 Node B 共同实现，Node B 需要在网络中广播一些控制参数，而 UE 则负责测量 P–CCPCH 的接收信号码功率，UE 通过开环功率控制的计算，确定随机接入时 UpPCH、PRACH 和 DPCH 等信道的初始发射功率。

在随机接入过程中，UE 根据下式确定 UpPCH 的发射功率：

$$P_{\text{UpPCH}} = L_{\text{P-CCPCH}} + PRX_{\text{UpPCH. des}} + (i - 1)P\text{wr}_{\text{ramp}}$$

式中，P_{UpPCH} 为 UpPCH 的发射功率。

$L_{\text{P-CCPCH}}$ 为下行 P–CCPCH 的路径损耗的测量值，根据下式计算：

$$L_{\text{P-CCPCH}} = P_{\text{P-CCPCH}} - RSCP_{\text{P-CCPCH}}$$

式中，$P_{\text{P-CCPCH}}$ 为 P–CCPCH 的发射功率，其参考值在 BCH 上进行广播；$RSCP_{\text{P-CCPCH}}$ 为 P–CCPCH 在 UE 端的接收信号码功率，由 UE 测量得到。

$PRX_{\text{UpPCH. des}}$ 为 Node B 希望的 UpPCH 的接收功率，主要根据 UpPCH 上的干扰测量信息和接收端希望的 SIR 值确定，其值在 BCH 上进行广播。

i 为随机接入的上行同步尝试次数。

$P\text{wr}_{\text{ramp}}$ 为 UE 上行同步尝试失败后下一次尝试接入时功率的增加值。

2. PRACH

在 TD–SCDMA 中，FPACH 为 Node B 对 UE 的 SYNC_UL 突发的响应。该响应为单突发的消息，它除了携带有对收到的 SYNC_UL 突发的应答外，还要指示定时以及准备发射 PRACH 的功率等级等信息。PRACH 上的发射功率由下式计算得到：

$$P_{\text{PRACH}} = L_{\text{P-CCPCH}} + PRX_{\text{PRACH. des}}$$

其中，P_{PRACH} 为 UE 在 PRACH 上的发射功率（dBm）；$L_{\text{P-CCPCH}}$ 为测量得到的路径损耗（dB）；$PRX_{\text{PRACH. des}}$ 为 Node B 在 PRACH 上期待的接收功率（由高层信令指示，并在 FPACH 上发送）。

3. DPCH 和 PUSCH

利用 DPCH 上的 TPC 符号进行闭环功率控制，功率控制步长取值为 1、2、3 dB，整个动态变化范围为 80 dB。上行专用物理信道的初始发射功率由 UTRAN 信令确定（一般上行 DPCH 的初始发射功率与上一次 PRACH 的发射功率相同）。

TPC 是基于信噪比（SIR，Signal-to-Interference Ratio）的，其处理过程描述如下：

（1）Node B 首先估计接收到的上行 DPCH 的信噪比 SIRest，然后根据以下规则生成 TPC 指令并予以发送：若 SIRest＞SIRtarget，则 TPC 发射指令"down"；若 SIRest＜SIRtarget，则 TPC 发射指令"up"。

（2）在 UE 侧，根据 TPC 位进行软判决。当命令为"down"时，移动台将发射功率下调一个功率控制步长；当命令为"up"时，移动台将发射功率上调一个功率控制步长。用公式表示即 $P_{\text{DPCH}} = P_{\text{PRACH}} + TPC$ 中的指示。

9.6.2 下行功率控制

1. P‒CCPCH

基本公共控制物理信道(P‒CCPCH，Primary Common Control Physical CHannel)的发射功率由高层信令设置，并可根据网络状态而慢速变化。P‒CCPCH 的参考发射功率在 BCH 上进行广播或通过信令单独通知每个 UE。

2. S‒CCPCH 和 PICH

辅助公共控制物理信道(S‒CCPCH，Secondary Common Control Physical CHannel)和寻呼指示信道(PICH，Page Indication CHannel)相对于 P‒CCPCH 的发射功率由高层信令设定。PICH 相对于 P‒CCPCH 参考功率的偏移量在 BCH 上进行广播。

3. FPACH

FPACH 的发射功率由高层信令进行设置。

4. DPCH 和 PDSCH

下行物理专用信道的初始发射功率由高层信令确定，直到第一个 ULDPCH 或 PUSCH 到达。初始发射之后，Node B 转为基于信噪比 SIR 的闭环 TPC。UE 对接收到的下行 DPCH 进行信噪比估计 SIRest，随后 UE 产生并发送 TPC 指令，遵循规则：如果 SIRest>SIRtarget，则 TPC 发射指令"down"；如果 SIRest<SIRtarget，则 TPC 发射指令"up"。

在 Node B 侧，根据 TPC 位进行软控制。当指令为"down"时，Node B 将发射功率下调一个功率控制步长；当指令为"up"时，Node B 将发射功率上调一个功率控制步长。

第 10 章　TD - SCDMA 接口协议与信令流程

10.1　TD - SCDMA 移动通信系统接口协议

TD - SCDMA 系统的网络结构完全遵循 3GPP 指定的 UMTS 网络结构, 可以分为通用地面无线接入网(UTRAN, Universal Terrestrial Radio Access Network)和核心网(CN, Core Network)。

总体来讲, UMTS 系统由用户设备(UE, User Equipment)域、无线接入网(RAN)域和核心网(CN)域组成, 如图 10 - 1 所示。

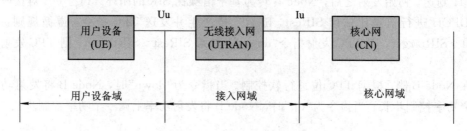

图 10 - 1　UMTS 域和参考点

用户设备域和接入网域之间是 Uu 接口。接入网域和核心网域之间通过 Iu 接口相连, 核心网域通过网关连接到 Internet 或 IP 网。

10.1.1　UTRAN 基本结构

1. UTRAN 网络结构

在 3GPP R4 版本中, TD - SCDMA UTRAN 的结构可用图 10 - 2 表示。

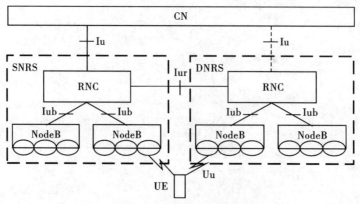

图 10 - 2　UTRAN 网络结构

UTRAN 由基站控制器(RNC，Radio Network Controller)和基站(Node B，也称 Base Station，简称 BS)组成。

CN 通过 Iu 接口与 UTRAN 的 RNC 相连。其中 Iu 接口又被分为连接到电路交换域的 Iu - CS、连接到分组交换域的 Iu - PS 和连接到广播控制域的 Iu - BC。

Node B 与 RNC 之间的接口叫做 Iub 接口。

在 UTRAN 内部，RNC 通过 Iur 接口进行信息交互。Iur 接口可以是 RNC 之间物理上的直接连接，也可以通过任何合适传输网络的虚拟连接来实现。

Node B 与 UE 之间的接口叫做 Uu 接口。

作为接入网，UTRAN 的基本结构及其 Iu、Iur 和 Iub 等主要接口是 TD - SCDMA 系统网络组成的基础。

2．基站(Node B)

基站位于 Uu 接口和 Iub 接口之间。对于用户端而言，Node B 的主要功能是实现 Uu 接口的物理功能；对于网络端而言，Node B 的主要任务是通过使用为各种接口定义的协议栈来实现 Iub 接口功能。

Node B 是由几个称为小区的逻辑实体组成的。小区是一个最小的无线网络实体，每个小区都有自己的识别号(小区 ID)，该识别号对每个 UE 都是公共可见的。当进行无线网络配置时，实际上就是对小区的数据信息进行更改。每个小区都有一个扰码，UE 识别一个小区主要通过两个信息：扰码(进入小区就分配)和小区 ID(用于无线网络拓扑结构)。

3．无线网络控制器(RNC)

无线网络控制器(RNC)是 UTRAN 的交换和控制元素。RNC 位于 Iub 和 Iu 接口之间，也可能会有第三个接口 Iur，主要用于 RNS 间的连接。

RNC 的整个功能可以分为两部分：UTRAN 无线资源管理(RRM，Radio Resource Management)和控制功能。UTRAN RRM 是一系列算法的集合，主要用于保持无线传播的稳定性和无线连接的 QoS。UTRAN 控制功能包含了所有和无线承载(RB，Radio Bearer)的建立、保持和释放相关的功能，这些功能能够支持 RRM 算法。

CRNC：Controlling RNC，控制 RNC。RNC 把 Node B 看成两个实体：公共传输和基站通信内容集合体。在 RNC 中控制这些功能的部分称为 CRNC。

SRNC：Serving RNC，服务 RNC。SRNC 负责启动/终止用户数据的传送、控制和核心网的 Iu 连接，以及通过无线接口协议和 UE 进行信令交互。SRNC 执行基本的无线资源管理操作。用户专用信道上的数据调度由 SRNC 完成，而公共信道上的数据调度在 CRNC 中进行。

DRNC：DriftRNC，漂移 RNC。DRNC 是指除 SRNC 以外的其他 RNC，控制 UE 使用的小区资源，可以进行宏分集合并、分裂。和 SRNC 不同的是，DRNC 不对用户平面的数据进行数据链路层的处理，而在 Iub 和 Iur 接口间进行透明的数据传输。一个 UE 可以有一个或多个 DRNC。

需要指出的是，以上三个概念只是从逻辑上进行描述的。在实际中，一个 RNC 通常可以包含 SRNC、DRNC 和 CRNC 的功能，这几个概念是从不同层次上对 RNC 的一种描述。SRNC 和 DRNC 是针对一个具体的 UE 和 UTRAN 的连接，从专用数据处理的角度进行区分的；而 CRNC 却是从管理整个小区公共资源的角度出发派生的概念。

10.1.2　UTRAN 接口协议模型

1. 接入层和非接入层

接入层和非接入层的概念是针对 UE 与核心网的通信来说的。接入层通过服务接入点 (SAP)承载上层的业务；非接入层信令属于核心网功能，作用是在 UE 和核心网之间传递消息或用户数据，如图 10 - 3 所示。

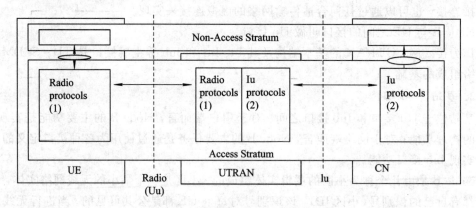

图 10 - 3　接入层和非接入层

2. 控制面和用户面

在 UTRAN 系统中，无线网络层每个接口上都有用户面和控制面，其作用分别如下：

(1) 控制面的作用：控制无线接入承载及 UE 和网络之间的连接；透明传输非接入层消息。

(2) 用户面的作用：传输通过接入网的用户数据。

无线网络层每个接口的控制面协议如下：

(1) Iu 接口：RANAP(Radio Access Network Application Protocol)协议。

(2) Iur 接口：RANSAP(Radio Access Network Subsystem Application Protocol)协议。

(3) Iub 接口：NBAP(Node B Application Protocol)协议。

(4) Uu 接口：RRC(Radio Resource Control)协议。

所有无线网络层的用户面数据和控制面数据都是传输网络层的用户面。传输网络层的控制面协议是 ALCAP(Access Link Control Application Protocol)。

3. UTRAN 地面接口的通用协议模型

UTRAN 地面接口的通用协议模型如图 10 - 4 所示。

从图 10 - 4 上可以看到，UTRAN 层从水平方向上可以分为传输网络层和无线网络层，从垂直方向上则包括四个平面。

(1) 控制平面：包含应用层协议，如 RANAP、RASAP、NBAP 和传输网络层应用协议的信令承载。

(2) 用户平面：用户收发的所有信息，例如语音和分组数据，都得经过用户平面传输。用户平面包括数据流和相应的承载，每个数据流的特征都由一个和多个接口的帧协议来描述。

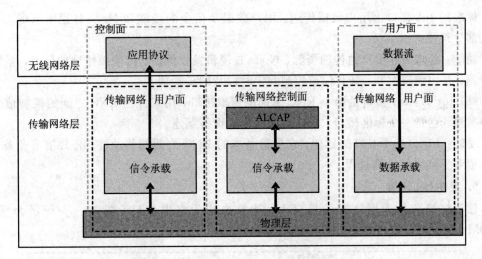

图 10-4　UTRAN 地面接口的通用协议模型

（3）传输网络层控制平面：为传输层内的所有控制信令服务，不包含任何无线网络层信息。它包括为用户平面建立传输承载（数据承载）的 ALCAP，以及 ALCAP 需要的信令承载。

传输网络层控制平面位于控制平面和用户平面之间，它的引入使无线网络层控制平面的应用协议与用户平面中为数据承载而采用的技术之间可以完全独立。

使用传输网络层控制平面的时候，无线网络层用户平面中数据承载的传输建立方式如下：对无线网络层控制平面的应用协议进行一次信令处理，通过 ALCAP 建立数据承载。

另外值得注意的是：ALCAP 不一定用于所有类型的数据承载，如果没有 ALCAP 的信令处理，传输网络层控制平面就没有存在的必要。在这种情况下，我们采用预先配置的数据承载。

（4）传输网络层用户平面：用户平面的数据承载和控制平面的信令承载都属于传输网络层的用户平面。传输网络层用户平面的数据承载在实时操作期间由传输网络层控制平面直接控制。

4. UTRAN 地面接口

UTRAN 地面接口即有线接口，包含三种类型的接口：Iu 口、Iub 口以及 Iur 口。

（1）Iu 口：Iu 口是连接 UTRAN 和 CN 的接口，也可以看成是 RNS 和核心网之间的一个参考点。它将系统分成两部分：用于无线通信的 UTRAN，负责处理交换、路由和业务控制的核心网。

结构：一个 CN 可以和几个 RNC 相连，而任何一个 RNC 和 CN 之间的 Iu 接口可以分成三个域：电路交换域（Iu-CS）、分组交换域（Iu-PS）和广播域（Iu-BC），它们有各自的协议模型。

功能：Iu 接口主要负责传递非接入层的控制信息、用户信息、广播信息及控制 Iu 接口上的数据传递等。

（2）Iub 口：Iub 接口是 RNC 和 Node B 之间的逻辑接口，它是一个标准接口，允许不同厂家的设备互连。

标准的 Iub 接口由用户数据传送、用户数据及信令的处理和 Node B 逻辑上的 O&M 等三部分组成。

功能：管理 Iub 接口的传输资源、Node B 逻辑操作维护、传输操作维护信令、系统信息管理、专用信道控制、公共信道控制和定时以及同步管理。

（3）Iur 口：Iur 接口是两个 RNC 之间的逻辑接口，用来传送 RNC 之间的控制信令和用户数据。它是一个标准接口，允许不同厂家的设备互连。

功能：Iur 口是 Iub 口的延伸。它支持基本的 RNC 之间的移动性、公共信道业务、专用信道业务和系统管理过程。

5. 空中接口 Uu

移动终端和接入网之间的接口 Uu 通常也称为空中接口。图 10-5 所示为 TD-SCDMA 移动通信系统空中接口协议结构。

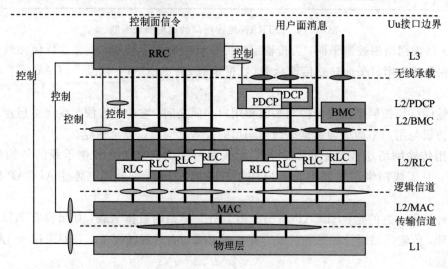

图 10-5　Uu 接口协议结构

图 10-5 描述了 TD-SCDMA 与物理层有关的无线接口协议体系结构。从层的角度，它划分为物理层（L1）、数据链路层（L2）和网络层（L3）三层；从面的角度，它划分为控制面和用户面。

图 10-5 中不同层/子层之间的圈表示服务接入点（SAP）。

L1 连接 L2 的媒体接入控制（MAC）子层和 L3 的无线资源控制（RRC）子层。物理层通过 SAP 向 MAC 子层提供不同的传输信道，传输信道描述的是信息如何在空中接口上传输，信息在无线接口上的传输方式决定了传输信道的特性。MAC 子层通过 SAP 向无线链路控制（RLC）子层提供不同的逻辑信道，逻辑信道描述的是传送何种类型的信息。传输信息的类型决定了逻辑信道的特性。物理信道在物理层定义，用于承载传输信道的消息，一个物理信道由码、频率和时隙共同决定。

L2 的控制平面中包括媒体接入控制 MAC 和无线链路控制 RLC 两个子层。在用户平面除 MAC 和 RLC 外，还有分组数据会聚协议 PDCP 和广播/多播控制协议 BMC。

L3 的控制平面上的最低层为无线资源控制（RRC）。RRC 与下层的 PDCP、BMC、RLC 和物理层之间都有连接，用以对这些实体的内部控制和参数配置。空中接口 RRC 及其以下的部分属于接入层(AS),终止于无线接入网(RAN)。RRC 层以上的如移动性管理(MM)和连接管理(CM)等属于非接入层(NAS),其中 CM 层还可按其任务进一步划分为呼叫控制(CC)、补充业务(SS)、短消息业务(SMS)等功能实体。

10.1.3 Iu 口相关协议

Iu 口逻辑结构如图 10-6 所示。

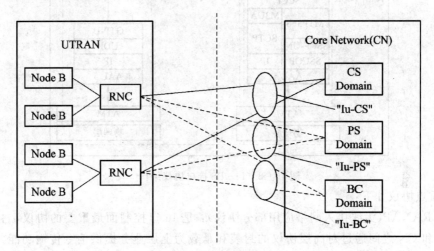

图 10-6 Iu 口逻辑结构

Iu-CS 接口协议结构如图 10-7 所示,Iu-PS 接口协议结构如图 10-8 所示。

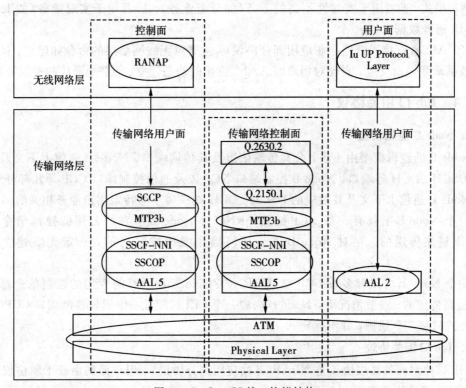

图 10-7 Iu-CS 接口协议结构

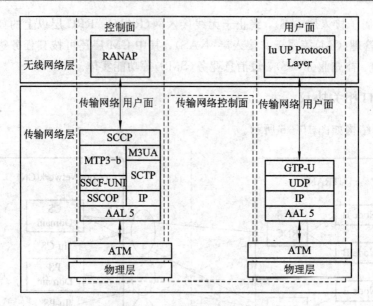

图 10 - 8　Iu - PS 接口协议结构

Iu 口的重点协议如下：

（1）RANAP（无线接入网络应用部分协议）：是 Iu 口控制面最重要的协议，主要实现在 RNC 和 CN 之间通过对高层协议的封装和承载为上层业务提供信令传输功能。它具体包括 Iu 口的信令管理、RAB 管理、寻呼功能、UE - CN 信令直传功能等。

（2）Iu - UP（Iu 口用户面协议）：主要用于在 Iu 接口传递 RAB 相关的数据，包括透明和支持两种模式。前者用于实时性不高的业务（如分组业务），后者用于实时业务（如 Iu - CS 的 AMR 语音数据）。

（3）ALCAP（接入链路控制应用部分协议）：主要对无线网络层的命令如建立、保持和释放数据承载做出反应，实现对用户面 AAL2 连接的动态建立、维护、释放和控制等功能。

10.1.4　Iub 口相关协议

1. Node B 逻辑模型

Node B 的逻辑模型由小区、公共传输信道及其传输端口、Node B 通信上下文及其对应的 DSCH、DCH 等端口、Node B 控制端口 NCP 以及通信控制端口 CCP 等几部分组成。

Node B 通信上下文及其对应的 DSCH、DCH 端口属于与特定用户业务相关的部分。

一个 Node B 上仅有一条 NCP 链路，RNC 对 Node B 所有的公用的控制信令都是从 NCP 链路传送的。在对 Node B 进行任何操作维护控制之前，一定先要建立这条链路。

一个 Node B 可以有多条 CCP 链路，RNC 对 Node B 所有的专用的控制信令都是从 CCP 链路传送的。一般情况下，Node B 内的一个 CELL 配置一个通信控制端口 CCP（这种配置方式只是一个惯例，并不确定）。

2. Iub 口相关协议

Iub 口控制面的高层协议是 NBAP（基站应用部分协议），用户面则由若干帧协议（FP）构成，其协议结构如图 10 - 9 所示。

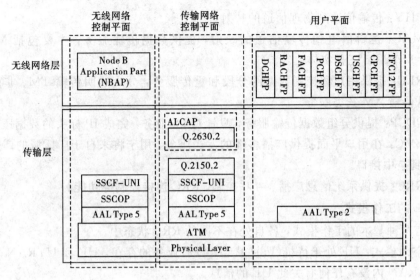

图 10 - 9　Iub 接口协议结构

NBAP 的功能主要包括 Node B 逻辑操作维护和专用 NBAP。

Node B 逻辑操作维护功能主要包括小区和公共信道的建立、重配置和释放，以及小区和 Node B 相关的一些测量控制，还有一些故障管理功能，例如资源的闭塞、解闭塞、复位等。

专用 NBAP 的功能主要包括无线链路的增加、删除和重配置，无线链路相关测量的初始化和报告以及无线链路故障管理等。

10.1.5　Uu 口协议结构

1. Uu 口协议结构

Uu 口协议结构如图 10 - 10 所示。

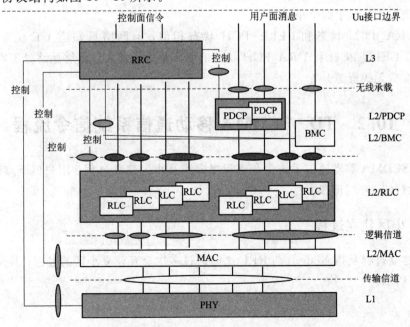

图 10 - 10　Uu 口协议结构

（1）PHY：传输信道到物理信道的映射。

（2）MAC：逻辑信道到传输信道的映射，提供数据传输服务，主要包括 MAC - b、MAC - c、MAC - d 三种实体。

（3）RLC：提供用户和控制数据的分段和重传服务，分为透明传输 TM、非确认传输 UM、确认传输 AM 三类服务。

（4）PDCP：提供分组数据传输服务，只针对 PS 业务，完成 IP 标头的数据压缩。

（5）BMC：在用户平面提供广播多播的发送服务，用于将来自于广播域的广播和多播业务适配到空中接口。

（6）RRC：提供系统信息广播、寻呼控制、RRC 连接控制等功能。

2. UE 的工作模式

UE 有两种基本的工作模式，各自处在不同的 RRC 状态中。

（1）空闲模式：UE 处于待机(Idle)状态，没有业务的存在，UE 和 UTRAN 之间没有连接，UTRAN 内没有任何有关此 UE 的信息。

（2）连接模式：当 UE 完成 RRC 连接建立时，UE 才从空闲模式转移到连接模式。在连接模式下，UE 有四种状态：Cell - DCH、Cell - FACH、Cell - PCH、URA - PCH。

UE 的状态基本是按照 UE 使用的信道来定义的。

（1）CELL_DCH 状态是 UE 占有专用的物理信道。UTRAN 准确地知道 UE 位于哪个小区。

（2）CELL_FACH 状态是 UE 在数据量小的情况下不使用任何专用信道而使用公共信道：上行使用 RACH，下行使用 FACH。这个状态下 UE 可以发起小区重选过程，且 UTRAN 可以确知 UE 位于哪个小区。

（3）CELL_PCH 状态下 UE 仅仅侦听 PCH 和 BCH 信道。这个状态下 UE 可以进行小区重选，重选时转入 CELL_FACH 状态，发起小区更新，之后再回到 CELL_PCH 状态。网络可以确知 UE 位于哪个小区。

（4）URA_PCH 状态和 CELL_PCH 状态相似，但网络只知道 UE 位于哪个注册(URA)区。CELL_PCH 和 URA_PCH 状态的引入是为了使 UE 能够始终处于在线状态而又不至于浪费无线资源。

10.2　TD - SCDMA 移动通信系统信令流程

TD - SCDMA 移动通信系统信令流程主要涉及小区建立过程、用户(UE)呼叫流程和电路交换域(CS)呼叫流程。

10.2.1　小区建立过程

小区建立过程是指 Node B 与 RRC 之间通过多次交互建立小区的过程，其交互流程如图 10 - 11 所示。

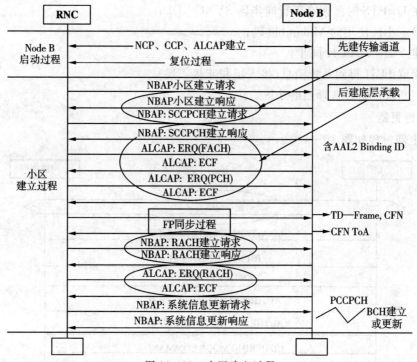

图 10 – 11　小区建立过程

10.2.2　UE 呼叫过程

UE 呼叫的全过程如图 10 – 12 所示，主要包括小区搜索、位置更新、待机准备和 CS 域呼叫等过程。其中涉及到的小区搜索、上行同步与随机接入等具体过程参见 2.5 节。

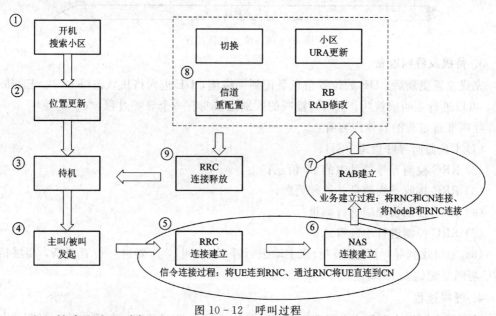

图 10 – 12　呼叫过程

1. 小区搜索和小区选择

小区搜索和小区选择是用户(UE)开机后首先完成的动作，它主要完成以下功能：

(1) 测量 TDD 频带内各载频的宽带功率；

（2）在 DwPTS 时隙搜索下行同步码 SYNC - DL；

（3）确定小区使用的 Midamble 码；

（4）建立 P - CCPCH 同步；

（5）读取 BCH 得到系统消息（接入层和非接入层）；

（6）判断决定是否选择当前小区。

2. 位置更新

位置更新过程如图 10 - 13 所示。

图 10 - 13   位置更新过程

3. 待机及呼叫准备

完成位置更新后，UE 的位置信息登记到网络侧，UE 进入待机状态（RRC 处于 Idle 状态），可以进行主叫或被叫。主叫与被叫的区别是被叫有一个寻呼过程。

呼叫准备过程的具体内容有：

（1）UE 监听寻呼信道 PCH；

（2）RRC 检测寻呼信息中的 ID 信息；

（3）RRC 接收系统消息并进行更新；

（4）RRC 控制物理层进行测量；

（5）RRC 控制进行小区重选；

（6）如果收到寻呼消息（被叫）或主动进行呼叫（主叫），需要进行位置更新，高层指示 RRC 与网络侧建立 RRC 连接。

4. 呼叫过程

呼叫过程可以由 UE 主动发起呼叫，也可以由网络发起呼叫。在呼叫建立过程中，需要在 CN 与 UE 间以及 UTRAN 与 UE 间进行信令交互，分以下三个步骤进行：

（1）建立 RRC 连接；

（2）建立 NAS 信令连接；

（3）建立 RAB 连接。

在通信过程中，UE 的状态会进行迁移，于是会进入小区的更新和信道重配置过程。呼叫结束后有释放过程。

10.2.3　CS 域呼叫过程

CS 域呼叫过程包括 CS 域起呼、终呼和呼叫释放三个过程。

1. CS 域起呼流程

CS 域的起呼可以是 RRC 建立在公共信道上或专用信道上，其流程分别如图 10 - 14 和图 10 - 15 所示。

UE	Node B		RNC	MSC
RRC connection req.		(RACH-CCCH)		
RRC connection setup		(FACH-CCCH)		
RRC connection setup comp.		(RACH-DCCH)		
INITIAL DT(CM service req)		(DCCH)	Initial UE message	
DT(Authentication req)				
DT(Authentication resp)				
DT(CM service accept)				
DT(setup)				
DT(call proceeding)				
		RL setup req	RAB assignment req	
		RL setup resp.		
		ALCAP EST. req		
		ALCAP EST. cfn		
		DCH_FP:Downlink SYNC		
		DCH_FP:Uplink SYNC		
RB setup				
RB setup comp			RAB assignment resp	
DT(alerting)				
DT(connect)				
DT(connect ack)				

图 10 - 14　RRC 建立在公共信道上的 CS 起呼流程

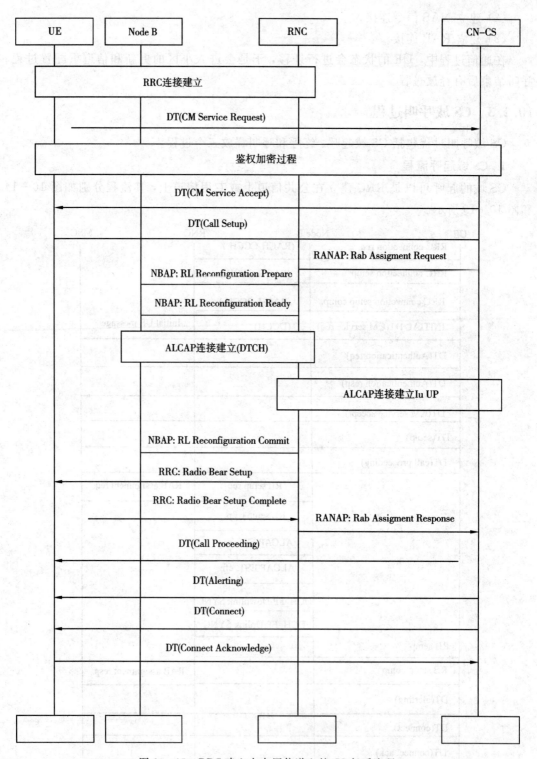

图 10 - 15　RRC 建立在专用信道上的 CS 起呼流程

2. CS 终呼流程

CS 终呼流程如图 10 - 16 所示。

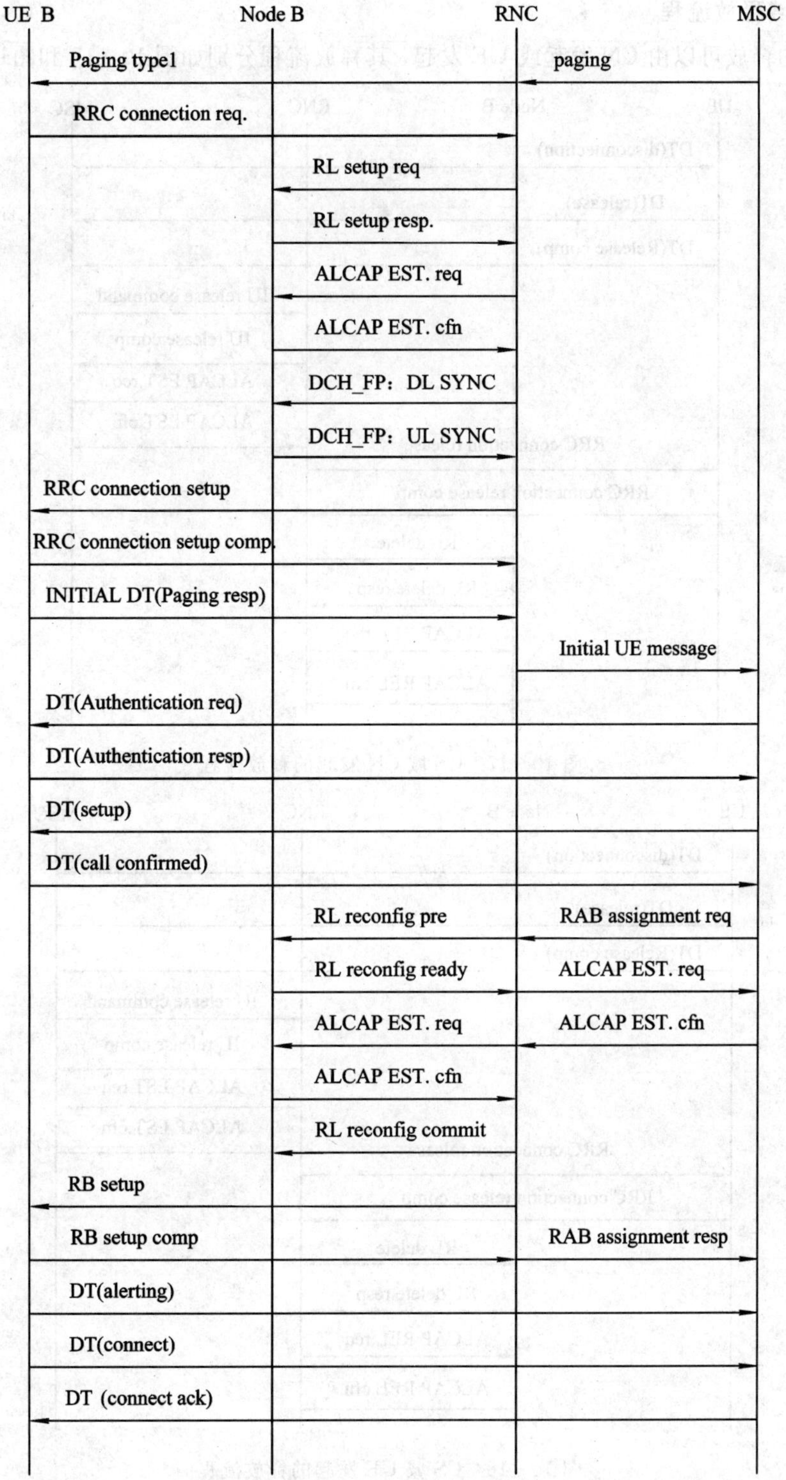

UE B	Node B	RNC	MSC
Paging type1			paging
RRC connection req.			
	RL setup req		
	RL setup resp.		
	ALCAP EST. req		
	ALCAP EST. cfn		
	DCH_FP：DL SYNC		
	DCH_FP：UL SYNC		
RRC connection setup			
RRC connection setup comp.			
INITIAL DT(Paging resp)			
			Initial UE message
DT(Authentication req)			
DT(Authentication resp)			
DT(setup)			
DT(call confirmed)			
	RL reconfig pre	RAB assignment req	
	RL reconfig ready	ALCAP EST. req	
	ALCAP EST. req	ALCAP EST. cfn	
	ALCAP EST. cfn		
	RL reconfig commit		
RB setup			
RB setup comp			RAB assignment resp
DT(alerting)			
DT(connect)			
DT (connect ack)			

图 10－16　CS 终呼流程

3. CS 域释放流程

CS 域的释放可以由 CN 发起或 UE 发起，其释放流程分别如图 10 - 17 和图 10 - 18 所示。

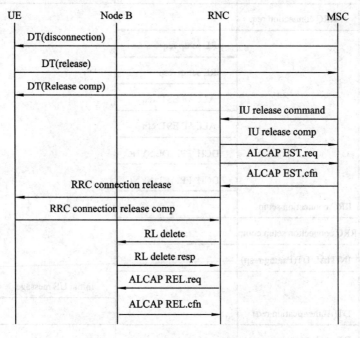

图 10 - 17　CS 域 CN 发起的释放流程

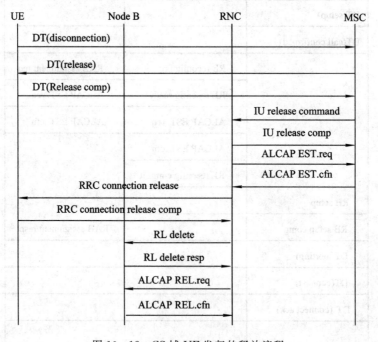

图 10 - 18　CS 域 UE 发起的释放流程

第 11 章　TD － SCDMA RNC 系统结构

11.1　RNC 系统概述

ZXTR RNC(V3.0)无线网络控制器负责完成系统的接入控制、安全模式控制、移动性管理(包括接力切换和硬切换控制等)、无线资源管理和控制等功能。

ZXTR RNC(V3.0)无线网络控制器提供 3GPP R4 协议所规定的各种功能,提供 Iu、Iub、Iur、Uu 等系列标准接口,支持与不同厂家的 CN、RNC 或者 Node B 互连。

在系统实现上采用分布式处理方式,具有高扩展性、高可靠性、大容量等特点,可以平滑地向 IP UTRAN 过渡。

RNC 系统的主要业务功能如下:

(1) 提供话音业务和电路型数据业务。

① 提供 12.2 kb/s、10.2 kb/s、7.95 kb/s、7.4 kb/s、6.7 kb/s、5.9 kb/s、5.15 kb/s、4.75 kb/s 等速率的 AMR 语音的业务控制和数据传输服务。

② 提供透明和非透明电路型数据的业务控制和数据传输服务。

(2) 提供分组型业务。

① 第一阶段,提供 384 kb/s 速率以下分组数据的业务控制和数据传输服务。

② 第二阶段,提供 384 kb/s～2 Mb/s 速率分组数据的业务控制和数据传输服务。

(3) 支持点对点短消息业务和广播短消息业务。

(4) 支持单个用户多种业务并发的控制和业务数据 QoS 处理。

(5) 支持定位业务,包括小区级定位、OTDOA 定位和 GPS 定位等定位方式。

说明:所谓定位业务,是指利用定位技术确定移动终端的位置,并据此提供各种基于位置的应用增值业务。

① 小区级定位技术:网络根据移动台当前服务基站的位置和小区覆盖来定位移动台。若小区为全向小区,则移动台的位置在以服务基站为中心,半径为小区覆盖半径的一个圆内;若小区分扇区,则可以进一步确定移动台处于某扇区覆盖的范围内。

② OTDOA 定位技术:移动台测量不同基站的下行导频信号,得到不同基站下行导频的 TOA(Timeof Arrival,到达时刻),即所谓的导频相位测量。根据该测量结果并结合基站的坐标,采用合适的位置估计算法,计算出移动台的位置。

③ GPS 定位技术:网络向移动台提供辅助 GPS 信息,包括 GPS 伪距测量的辅助信息(例如 GPS 定位辅助信息)和移动台位置计算的辅助信息(例如 GPS 历书以及修正数据),利用这些信息,移动台可以很快地捕获卫星并接收到测量信息,然后将测量信息发送给网络的定位服务中心,由它计算出移动台当前所处的位置。

11.1.1　Node B 逻辑操作维护

Node B 逻辑操作维护功能提供对 Node B 无线网络资源的逻辑操作维护,包括小区和公共传输信道的配置;根据设备运行情况将逻辑资源闭塞或解闭塞;校对与 Node B 之间配置是否一致等。

11.1.2　无线资源管理和控制

1. 系统接入控制

用户接入可以由用户侧发起,也可由网络侧发起,其目的是为了接入 UTRAN,以获得 UMTS 服务。UTRAN 根据用户的能力以及当前 UTRAN 的资源现状进行相应的控制。

2. 接纳控制

系统根据当前的资源情况、负荷等级、小区总体干扰等级、总发射功率等因素,决定是否接纳用户的接入请求。

3. 负荷控制

在当前已经存在多用户连接的条件下,监测系统的负荷情况,判断系统是否过载及过载等级。如果过载,则依据设定的规则保持系统的稳定。

4. 功率控制

功率控制的主要任务是:在保证信号质量的前提下,使发射功率保持在较低的水平,从而提高系统容量。

上行链路采用开环功控和闭环功控两种方式。当上行链路没有建立时,开环功控用来调节物理随机接入信道的发射功率,链路建立之后,使用闭环功控。闭环功控包括内环功控和外环功控:内环功控以信干比作为控制目标;外环功控以误码率或者误帧率作为控制目标。

下行链路只有闭环功控。

5. 分集控制

分集控制的目的是利用空间隔离、时间隔离、码的正交性等特点,实现赋形、鉴相、交替等,减少干扰。

在 TD - SCDMA 系统中,提供 TSTD(时间切换传输分集)、SCTD(空间码发射分集)两种分集的控制。

6. 系统信息广播

系统信息广播的功能是:通过 BCH 信道向 UE 广播 UMTS 服务所需的接入层和非接入层的相关信息。

7. 无线信道的加密和解密

无线信道的加密是为了保护在空中传送的用户信息不被未经授权的第三方非法获取。加密和解密主要是基于业务数据、密钥和相关的加密/解密算法而进行的,依据协议,加密算法采用 f8 算法。

8. 数据完整性保护

数据完整性保护的目的是为了保护在空中传递的信令信息,避免第三方设备进行欺骗和攻击。

9. 无线环境测量

无线环境测量是指依据无线资源管理的需求，对当前的公共信道以及专用信道进行各项测量。

10. 同步技术

TDD 无线系统有比较高的同步要求，TDD 同步分为以下几种：

(1) 网络同步。网络同步涉及 UTRAN 内部节点同步参考的分发和 UTRAN 内部时钟的稳定性。一个精确的参考频率在 UTRAN 网络节点中的分发与多个方面有关，但一个主要方面就是怎样为 Node B 提供一个频率精度优于 0.05 ppm 的参考时钟，用于正确产生无线接口的信号。

(2) 节点同步。节点同步关系到 UTRAN 节点之间的定时差异的评估和补偿。节点同步可分为两类，即 RNC 与 Node B 之间(RNC - Node B)和 Node B(Inter Node B)之间的同步。

(3) 传输信道同步。传输信道同步机制定义了 RNC 和 Node B 之间的帧同步方式。传输信道同步在 UTRAN 和 UE 之间提供一个 L2 公共的帧编号(连接帧号 CFN)，通过设定接收窗口确定定时偏移。

(4) 无线接口同步。无线接口的同步涉及无线帧传输定时同步方式，包括小区间同步和时间提前两个方面。

(5) 时间校准处理。时间校准处理功能位于 Iu 接口，通过控制下行传输定时来减少 RNC 中的数据缓存量。

11. 动态信道分配(DCA)

DCA 技术分为慢速 DCA 和快速 DCA 两种。

(1) 快速 DCA。该技术根据接纳控制的原则为用户分配无线承载资源。

(2) 慢速 DCA。该技术负责根据其管理的多个小区中各小区的业务负荷，将无线资源分配到不同的小区中。

11.2　RNC 硬件系统概述

11.2.1　硬件系统设计原则

硬件系统设计原则如下：

(1) 硬件平台基于 IP。

(2) 内部接口标准化。

(3) 后向兼容性强。

(4) 可扩展性要求。硬件平台在很长一段时间内要保持稳定性，充分考虑到技术的前瞻性，部分新技术的出现不会对整个硬件平台产生革命性的影响，整个硬件平台支持向 IPv6 的演进；各个功能实体采用模块化设计，各功能实体之间的接口是标准化和相对独立的，单独功能实体的升级不影响其他功能实体。

(5) 统一的设计风格。充分考虑重用性和兼容性(如多块功能单板由同一块硬件单板实现、相同功能电路由同一标准电路实现)，使各种模块的通用器件/部件的比例尽可能高，在整个硬件平台系统范围内统一定义单板引脚、尺寸，统一规划背板设计，使相关功能单板可重用、可混插；减少生产和维护的复杂度和成本费用。

（6）减少硬件与应用之间的耦合性。硬件平台的设计需要保持良好的适应性，以适应不同的功能应用对硬件架构的要求，使硬件平台不会成为产品升级换代的瓶颈。

（7）标准化和模块化设计。产品采用标准化和模块化设计，达到与其他产品最大的资源和技术共享，以减少产品的技术风险和进度风险。

11.2.2 硬件系统框图

1. 环境框图

在 UMTS 中，RNC 由以下接口界定：Iu/Iur/Iub 接口，如图 11-1 所示。图中 MSC 指移动交换中心（Mobile Services Switching Centre），SGSN 指服务 GPRS 支持节点（Serving GPRS Supporting Node）。在 3GPP 协议中，Iu、Iur、Iub 三者的物理层介质可以是 E1、T1、STM-1/STM-4 等多种形式。在物理层之上是 ATM 层，ATM 层之上是 AAL 层。其中用到两种 AAL：控制面信令和 Iu-PS 数据采用 AAL5，其他接口用户面数据采用 AAL2。

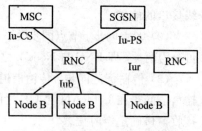

图 11-1　ZXTR RNC 系统外部接口示意图

T1、E1 代表两种数据传输速率标准。

T1：北美标准，支持 1.544 Mb/s 专线电话数据传输，由 24 条独立通道组成，每个通道的传输速率为 64 kb/s，可用于同时传输语音和数据。

E1：欧洲标准，支持 2 Mb/s 速度，由 30 条 64 kb/s 线路以及 2 条信令和控制线路组成。4 个 E1 可复接成 1 个 E2(8M)；4 个 E2 可以复接成 1 个 E3(34 M)；4 个 E3 可复接成 1 个 E4(140 M)。

2. 硬件系统总体框图

ZXTR RNC 硬件系统由以下单元组成：操作维护单元 ROMU；接入单元 RAU；交换单元 RSU；处理单元 RPU；外围设备监控单元 RPMU。

ZXTR RNC 硬件系统总体框图如图 11-2 所示。

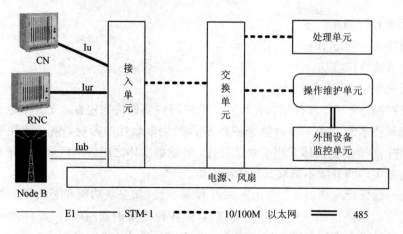

图 11-2　ZXTR RNC 硬件系统总体框图

11.2.3　功能框图

1. 操作维护单元

操作维护单元 ROMU 包括 CLKG 单板和 ROMB 单板。

CLKG 单板负责系统的时钟供给和外部同步功能,它通过 Iu 口提取时钟基准,经过板内同步后,驱动多路定时基准信号给各个接口框使用。

ROMB 单板负责处理全局过程并实现与整个系统操作维护相关的控制(包括操作维护代理),然后通过 100 M 以太网与 OMC - R(操作维护中心,用于基站的维护操作)实现连接,以及实现内、外网段的隔离。ROMB 单板还作为 ZXTR RNC 操作维护处理的核心,直接或间接地监控和管理系统中的单板,提供以太网口和 RS - 485 两种链路对系统单板进行的配置管理。

ROMB 与 OMC - R 之间的通信链路的连接关系如图 11 - 3 所示。ROMB 将内、外部两个网段分开,图中 HUB 为集线器。

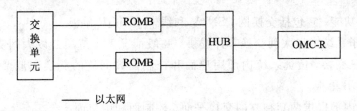

图 11 - 3　ROMB 和 OMC - R 之间的通信链路的连接关系

2. 接入单元

接入单元为 ZXTR RNC 系统提供 Iu、Iub 和 Iur 接口的 STM - 1 和 E1 接入功能。接入单元包括 APBE(ATM 处理板)、IMAB(IMA/ATM 协议处理板)和 DTB 单板(数字中继板),背板为 BUSN。

每个 APBE 单板提供 4 个 STM - 1 接口,支持 622 M 交换容量,负责完成 RNC 系统 STM - 1 物理接口的 AAL2 和 AAL5 的终结功能。

IMAB 单板与 APBE 的区别是不提供 STM - 1 接口,而是和 DTB 一起提供 E1 接口。其中,APBE 单板提供 STM - 1 接入(根据后期需要,可以提供 STM - 4 接入);IMAB 与 DTB 一起提供支持 IMA 的 E1 接入,DTB 单板提供 E1 线路接口。每个 DTB 单板提供 32 路 E1 接口(另外,SDTB 单板提供一个 155 M 的 STM - 1 标准接口,支持 63 个 E1),负责为 RNC 系统提供 E1 线路接口。一个 IMAB 单板最多提供 30 个 IMA 组,完成 ATM 终结功能。

3. 交换单元

交换单元主要为系统控制管理、业务处理板间通信以及多个接入单元之间的业务流连接等提供一个大容量的、无阻塞的交换单元。交换单元由两级交换子系统组成,结构如图 11 - 4 所示。

一级交换子系统是接口容量为 40 Gb/s 的核心交换子系统,为 RNC 系统内部各个功能实体之间以及系统之外的功能实体间提供必要的消息传递通道,用于完成包括定时、信令、语音业务、数据业务等在内的多种数据的交互,以及根据业务的要求和不同的用户提

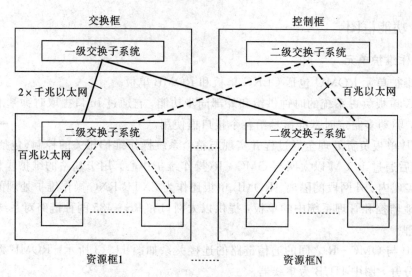

图 11-4   交换单元结构示意图

供相应的 QoS 功能。它包括交换网 PSN4V 和线卡 GLIQV 单板。

二级交换子系统由以太网交换芯片提供，一般情况下支持层二以太网交换，根据需要也可以支持层三交换，负责系统内部用户面和控制面数据流的交换和汇聚，包括 UIMC、UIMU 和 CHUB 单板。

RNC 系统内部提供两套独立的交换平面、控制面和用户面。

对于控制面数据，因数据流量较小，可采用二级交换子系统进行集中汇聚，无需通过一级交换子系统实现交换。

对于用户面数据来说，因数据流量较大，同时为了对业务实现 QoS 功能，在大话务容量下需要通过一级交换子系统来实现交换和扩展，具体如图 11-4 所示。图中的虚线条表示控制面数据流；实线条表示用户面数据流；粗实线表示千兆以太网的连接，细实线表示百兆以太网的连接。

在只有两个资源框的配置下，用户面可以不采用一级交换子系统，两个资源框直接通过千兆光口对连，也可以满足 ZXTR RNC 组网的需要。此时，交换单元简化后的结构示意图如图 11-5 所示。

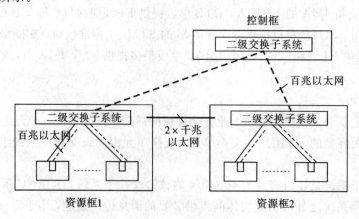

图 11-5   简化后的交换单元结构示意图

当系统资源框数目在 2～6 个之间时，用户面可以采用二对线卡完成一级交换平台功能。此时，交换单元结构示意图如图 11 - 6 所示。

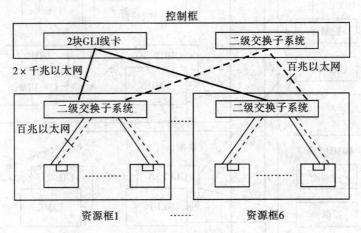

图 11 - 6　2～6 个资源框情况下交换单元结构示意图

交换单元的维护通过 RS - 485 总线和以太网本身共同进行。RS - 485 负责初始化管理控制和控制面以太网故障时的一些异常管理，通过以太网完成流量统计、状态上报、系统 MIB 管理等更高级一些的管理。

4. 处理单元

处理单元实现 ZXTR RNC 的控制面和用户面的上层协议处理，包括 RCB、RUB 和 RGUB(RGUB 板现在已不用，功能集中到 RUB 板中)。

每块 RGUB 板提供以太网端口与交换单元的二级交换子系统相连，完成对 PS 业务 GTP - U 协议的处理。

每块 RUB 板提供以太网端口与交换单元的二级交换子系统相连，完成对 CS 业务 FP、MAC、RLC、UP 协议栈的处理和 PS 业务 FP、MAC、RLC、PDCP、UP 的处理。

RCB 连接在交换单元上，负责完成 Iu、Iub 口上控制面的协议处理。主、备两块单板之间采用百兆以太网连接，实现故障检测和动态数据备份。硬件提供主备竞争的机制。

5. 外围设备监控单元

外围设备监控单元包括 PWRD 单板和告警箱 ALB。

PWRD 完成机柜里一些外围和环境单板信息的收集，包括电源分配器和风机的状态，以及温湿度、烟雾、水浸和红外等环境告警。PWRD 通过 RS - 485 总线接受 ROMB 的监控和管理。每个机柜有一块 PWRD 板。

告警箱 ALB 根据系统出现的故障情况进行不同级别的系统报警，以便设备管理人员及时干预和处理。

11. 2. 4　系统主备

ZXTR RNC 系统的关键部件均提供硬件 1 + 1 备份，如 ROMB、RCB、UIMC、UIMU、CHUB、PSN4V、GLIQV 等，而 RUB 和 RGUB 采用负荷分担的方式。接入单元根据需要可以提供硬件主备。系统主备示意图如图 11 - 7 所示。

资源框的 UIMU 单板提供控制面和用户面两个平面，对本层框的单板均提供高阻复

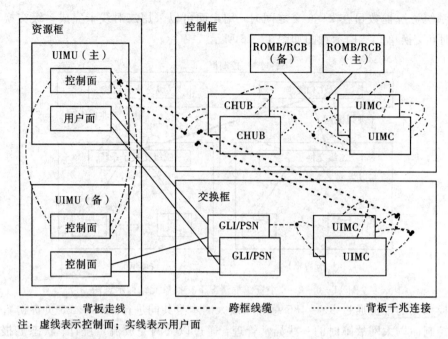

注：虚线表示控制面；实线表示用户面

图 11 - 7　ZXTR RNC 系统主备示意图

用端口。而交换框和控制框的 UIMC 仅提供控制面一个平面。

　　资源框的控制面与控制框的互连考虑：资源框和控制框均高阻复用，用两根电缆连到控制中心。资源框的主备倒换，控制框不必知道；反之亦然。正常情况下，CHUB 单板及 UIM 单板软件依靠生成树算法，自动识别并禁止一条连接通道，只允许另一条通道工作，一旦该通道断链，单板软件能够自动发现并且自动打开原来禁止的那条通道，完成通道的备份切换。这种方法消除了框间互连的单点故障。

　　资源框的用户面和交换框的互连考虑如下方式：通过 GE(千兆以太网)口相连，一个 GE 口带 2 个光接口(由子卡提供)，依靠光链路的指示来判断主备状态，实现硬件的主备倒换。

　　其他单板的主备考虑如下方式：接口单板(如 DTB、APBE)、资源处理单板(如 RUB)一般采用 m+n 的备份方式(主要依靠软件实现)；关键单板(如 UIMC、UIMU、RCB)采用 1+1 备份。

11.2.5　系统内部通信链路设计

　　ZXTR RNC 系统采用控制面和用户面分离设计，资源框背板设计了两套以太网：一套用于用户面互连；一套用于内部控制、控制面互连。另外在背板上再设计一套 485 总线，485 总线的目的：仅带 8031 CPU 单板的控制通道，对于具有控制以太网接口的单板，485 的作用主要是以太网异常时进行故障的诊断、告警，在特定场合下可根据需要作 MAC、IP 地址的配置，正常情况下不用此功能。

　　控制面以太网采用单平面结构，每个资源框控制以太网通过 UIMU 引出 2 个 100 M 以太网口(物理上采用 2 根线缆)与控制框的 CHUB 相连(依靠生成树算法禁止其中一个，或者 UIMU 和 CHUB 板在上电初始化时，通过设置 VLAN 的方式把其中一个网口独立开来)，对于控制流量较大(大于等于 100 M，配置时可以估算出最大流量)的资源框，两个 100 M 以太网口采用链路汇聚的方式与控制框相连。

框内的 RS - 485 和以太网通过背板引线连到各个单板。每个单板提供 RS - 485 和以太网接口用于单板控制。资源框的 RS - 485 总线在 UIMU 单板实现终结，交换框的 RS - 485 总线在 UIMC 单板实现终结，控制框的 RS - 485 总线在 ROMB 处终结。

ZXTR RNC 系统内部通信链路如图 11 - 8 所示。

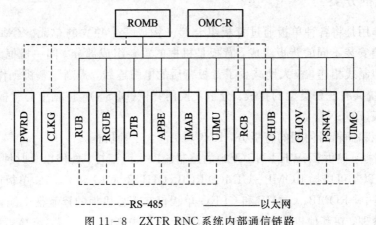

图 11 - 8 ZXTR RNC 系统内部通信链路

11.2.6 时钟系统设计

从 ZXTR RNC 在整个通信系统的位置来看，其时钟系统应该是一个三级增强钟或二级钟，时钟同步基准来自 Iu 口的线路时钟或者 GPS/BITS(全球定位系统/楼宇综合定时供给系统)时钟，采用主从同步方式。

ZXTR RNC 的系统时钟模块位于时钟板 CLKG 上，与 CN 相连的 APBE 单板提取的时钟基准经过 UIM 选择，再通过电缆传送给 CLKG 单板，CLKG 单板同步于此基准，并输出多路 8 K 和 16 M 时钟信号给各资源框，再通过 UIM 驱动后经过背板传输到各槽位，供 DTB 单板和 APBE 单板使用。

时钟单板 CLKG 采用主备设计，主备时钟板锁定于同一基准，当系统时钟运行在自由方式时，备板锁定于主板 8 K，主、备倒换在时钟低电平期间进行，主备时钟采用输出驱动端高阻直连，以实现平滑倒换，如图 11 - 9 所示。

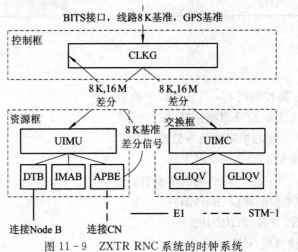

图 11 - 9 ZXTR RNC 系统的时钟系统

11.3 RNC 功能机框

11.3.1 机框分类

机框的作用是将各种单板通过背板组合起来构成一个独立的单元。ZXTR RNC 的机框由通用插箱安装不同的背板组成，背板是机框的重要组成部分。同一机框的单板之间通过背板内的印制线相连，极大地减少了背板背后的电缆连线，提高了整机工作的可靠性。

RNC 系统共有三种类型的背板：分组交换网背板(BPSN)、控制中心背板(BCTC)、通用业务网背板(BUSN)。

按照功能和插箱所使用的背板分，RNC3.0 包含三种机框。

(1) 控制框：提供 ZXWR RNC(V3) 的控制流以太网汇接、处理以及时钟功能。控制框的背板为 BCTC，可以插 ROMB、UIMC、RCB、CHUB、GLI 和 CLKG 单板以及这些单板的后插板。其中，ROMB、CHUB 和 CLKG 单板仅在 1 号机框的控制框中配置，实现 RNC 系统的全局管理，在其他机框的控制框里无需配置这些单板。

(2) 资源框：提供 ZXWR RNC(V3) 的外部接入和资源处理功能，以及网关适配功能。资源框的背板为 BUSN，可以插 RUB、UIMU、RGUB、CLKG、MNIC(多功能接口网板)、DTB、IMAB 和 APBE 单板以及这些单板的后插板。

(3) 一级交换框：为 ZXWR RNC(V3) 提供一级交换子系统，针对用户面数据流量较大时的交换和扩展。交换框的背板为 BPSN，可以插 GLI、PSN 和 UIMC 单板以及这些单板的后插板。

机框与背板的对应关系见表 11-1 所示。

表 11-1 机框与背板的对应关系

机 框	背 板
交换框	分组交换网背板(BPSN)
控制框	控制中心背板(BCTC)
资源框	通用业务网背板(BUSN)

11.3.2 控制框

1. 单板配置

控制框是 RNC 的控制核心，可实现以下功能：

(1) 完成对整个系统的管理和控制。

(2) 提供 RNC 系统的控制面信令处理。

(3) 提供全局时钟。

控制框的背板为 BCTC，可装配的单板有：

(1) RNC 操作维护处理板(ROMB)；

(2) RNC 控制面处理板(RCB)；

(3) 通用控制接口板(UIMC)；

（4）控制面互联板（CHUB）；

（5）时钟产生板（CLKG）。

其中，ROMB、CHUB 和 CLKG 单板仅在 1 号机柜的控制框中配置，实现 RNC 系统的全局管理。在其他机柜的控制框里无需配置这些单板。

在没有配置交换框及资源框数量在 2～6 的情况下，控制框 1～4 号槽位可用来插 GLI 单板，如图 11 - 10 所示。

1号机柜控制框																
后插板								RUIM2	PUIM3	RMPB	RMPB	RCKG1	RCKG2	RCHB1	RCHB2	
1	2	3	4	5	6	7	8	9	10	11	12	13	14	15	16	17
前插板																
RCB	RCB	RCB	RCB	RCB	RCB	RCB	RCB	UIMC	UIMC	ROMB	ROMB	CLKG	CLKG	CHUB	CHUB	

其他机柜控制框																
后插板								RUIM2	PUIM3							
1	2	3	4	5	6	7	8	9	10	11	12	13	14	15	16	17
前插板																
RCB	RCB	RCB	RCB	RCB	RCB	RCB	RCB	UIMC	UIMC			RCB	RCB	RCB	RCB	

图 11 - 10　控制框

2. BCTC 背板

BCTC 背板结构图如图 11 - 11 所示。BCTC 板上的拨码开关 S1、S2、S3 分别用于配置机框所处的局、机架、机框信息，实际的局号、机架号、机框号需要在拨码读出的值的基础上加 1。背板的拨码开关高位在右边，OFF：拨下边，表示为"1"；ON：拨上边，表示为"0"。

背板 BCTC 的原理框图如图 11 - 12 所示。

背板 BCTC 的功能主要有：

（1）背板提供 46×100 M $+1 \times 1000$ 的控制流以太网接入能力，其中 46 个以太网接口用于系统控制流以太网汇接；GE 端口用于 UIM 和 CHUB 板互连。

（2）背板提供从 CLKG 单板接收时钟的功能，从 DTB 等单板提取 8 K 时钟基准的功能，并通过电缆传送至 CLKG 单板，从 UIM 主控单板分发系统时钟至各业务槽位，同时 CLKG 单板对外提供 15 套系统时钟至各资源子系统，采用电缆传送。

（3）背板槽位 1～4 两两提供 GLIQV 背靠背连线，提供最小配置下省去 PSN4V 的连

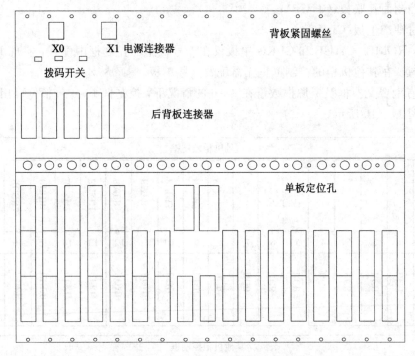

图 11-11　BCTC 背板结构图

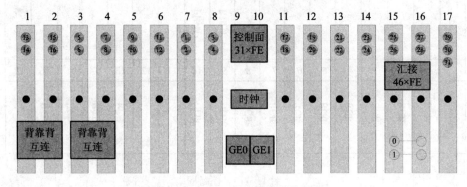

图 11-12　BCTC 背板的原理框图

接方法。

(4) 背板槽位 9 和 10 的 UIM 单板提供 31 个 100 M 以太网端口连接其他各槽位，1 个 100 M 以太网端口主、备互连，10 个 100 M 以太网端口对外。

11.3.3　资源框

1. 单板配置

资源框负责 RNC 系统中的各种资源处理和适配转换。资源框的背板为 BUSN 背板，可装配的单板有(参见图 11-13)：

(1) ATM 处理板(APBE)；

(2) RNC GTP-U 协议处理板(RGUB)；

(3) 数字中继板(DTB)；

(4) 光数字中继板(SDTB)；

(5) IMA/ATM 协议处理板(IMAB)；

(6) 通用媒体接口板(UIMU)；

(7) RNC 用户面处理板(RUB)。

系统只有一个资源框时的资源框（BUSN）																
后插板 RDTB	RDTB	RDTB	RDTB			RGIM1		RGIM1	RGIM1	RMNIC	RMNIC	RGIM1				
1	2	3	4	5	6	7	8	9	10	11	12	13	14	15	16	17
前插板 DTB/SDTB	SDTB/DTB	SDTB/DTB	SDTB	IMAB	APBE	APBE	IMAB	UIMU	UIMU	RGUB	RGUB	APBE	RUB	RUB	RUB	RUB

系统资源框数目大于一个时的资源框（BUSN）																
后插板 RDTB	RDTB	RDTB	RDTB			RGIM1	RUIMI	RUIMI	RGIM1	RMNIC						
1	2	3	4	5	6	7	8	9	10	11	12	13	14	15	16	17
前插板 DTB/SDTB	SDTB/DTB	SDTB/DTB	SDTB	IMAB	APBE	APBE	IMAB	UIMU	UIMU	APBE	RCUB	RUB	RUB	RUB	RUB	RUB

图 11‒13　资源框

2. BUSN 背板

BUSN 背板结构如图 11‒14 所示。BUSN 板上的拨码开关 S1、S2、S3 分别用于配置机框所处的局、机架、机框信息，实际的局号、机架号、机框号需要在拨码读出的值的基础上加 1。背板的拨码开关高位在右边，OFF：拨下边，表示为"1"；ON：拨上边，表示为"0"。

BUSN 背板的原理框图如图 11‒15 所示。

BUSN 背板的功能主要有：

(1) 控制以太网：背板提供 24×100 M 的控制流以太网接入能力。

(2) 用户面以太网：背板提供 24×100 M+2×1000 M 用户面以太网接入能力。

(3) TDM 总线：背板提供 16 K 时隙 TDM 总线。

(4) UIM 单板提供差分 8 K 和 16 M 时钟信号，分别连接槽位 1~8 和槽位 11~16。

(5) 槽位 9 和 10 的 UIM 单板提供 19 个控制面 100 M 以太网端口连接其他各槽位，1 个控制面 100 M 以太网端口主、备互连，4 个控制面 100 M 以太网端口对外连接 CHUB。

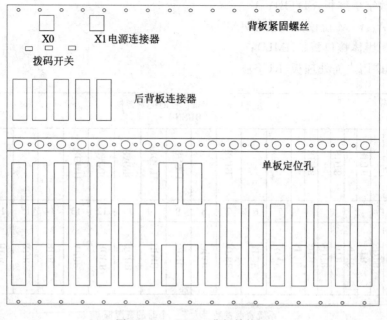

图 11-14　BUSN 背板结构图

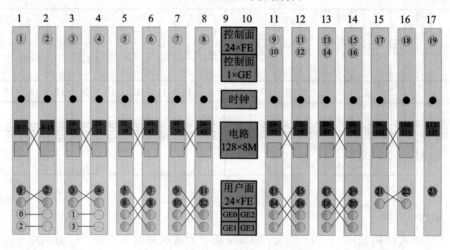

图 11-15　BUSN 背板的原理框图

（6）槽位 9 和 10 的 UIM 单板提供 23 个用户面 100 M 以太网端口连接其他各槽位，4 个用户面 1000 M 以太网端口连接 1~4 槽位。

11.3.4　交换框

1. 单板配置

交换框是 ZXTR RNC 的核心交换子系统，为产品系统内外部各个功能实体之间提供必要的消息传递通道。交换框的背板为 BPSN，可装配的单板有分组交换网板 PSN、千兆线路接口板 GLI、通用控制接口板 UIMC，如图 11-16 所示。

2. BPSN 背板

BPSN 背板结构如图 11-17 所示。BPSN 板上的拨码开关 S1、S2、S3 分别用于配置机

交换框																
后插板														RUIM2	RUIM3	
	1	2	3	4	5	6	7	8	9	10	11	12	13	14	15	16	17
前插板	GLI	GLI	GLI	GLI	GLI	GLI	PSN	PSN	GLI	GLI	GLI	GLI	GLI	GLI	UIMC	UIMC	

图 11-16　交换框

框所处的局、机架、机框信息，实际的局号、机架号、机框号需要在拨码读出的值的基础上加 1。背板的拨码开关高位在右边，OFF：拨下边，表示为"1"；ON：拨上边，表示为"0"。背板 BPSN 的原理框图如图 11‑18 所示。

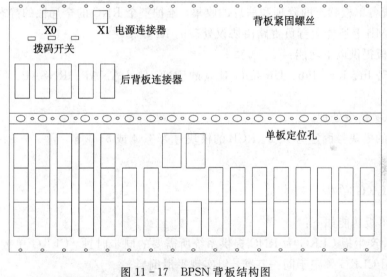

图 11-17　BPSN 背板结构图

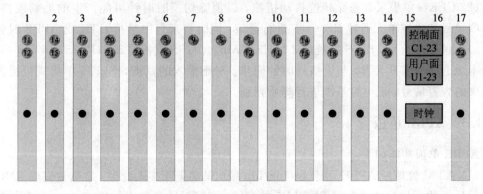

图 11-18　背板 BPSN 的原理框图

BPSN 的功能如下：

（1）控制以太网：背板提供 46×100 M 的控制面以太网交换。

（2）时钟接收和分发：背板提供从 CLKG 单板接收时钟的功能，从 UIMC 主控单板分发系统时钟至各业务槽位。

（3）UIMC 单板插在 15～16 槽位，在该单板内部 2 套 HUB 互连，槽 1～5 和槽 17 上方为原控制面 HUB 提供的端口，槽 6～14 上方为原用户面 HUB 提供的端口，黑色圆点表示时钟端口。UIMC 从 CLKG 获取时钟信号分发到各槽位。

11.4　RNC 单板介绍

11.4.1　ROMB 和 RCB 单板

操作维护处理板 ROMB 和控制面处理板 RCB 采用硬件单板 MPX86、MPX86/2 实现。ROMB 单板提供以下功能：

（1）负责 RNC 系统的全局过程处理。

（2）负责整个 RNC 的操作维护代理。

（3）负责各单板状态的管理和信息的收集，维护整个 RNC 的全局性的静态数据。

（4）ROMB 上还能运行负责路由协议处理的 RPU 模块。

RCB 单板提供以下功能：

（1）实现 Iu、Iur、Iub、Uu 接口对应的 RNC 侧 RANAP、RNSAP、NBAP、RRC 协议。

（2）NO.7 信令处理。

ROMB 的模块号固定为 1、2。RCB 的模块号为 3、4 或 5、6 等，同一个 RNC 内分配不同的号。

11.4.2　CLKG 单板

CLKG 单板功能如下：

（1）时钟产生板 CLKG 为 RNC 提供系统所需要的同步时钟。CLKG 单板采用热主备设计，主备用 CLKG 锁定于同一基准，以实现平滑倒换。

（2）CLKG 单板采取滤除相位抖动措施，以消除切换时时钟可能产生的毛刺或抖动。CLKG 单板和主控单元通过 RS-485 进行通信，同时将来自中继板 DTB 或 APBE 时钟基准 8 kHz 帧同步信号、BITS 系统的 2 MHz/2 Mb/s、GPS 设备的 8 K(PP2S, 16 chip) 时钟作为本地的时钟基准参考，与上级局时钟同步。对于输入的基准，CLKG 单板既可提供基准丢失的告警信号，也可对基准进行降质判别。

11.4.3　APBE 单板

APBE 单板功能如下：

（1）ATM 处理板 APBE 用于 Iu/Iur/Iub 接口的 ATM 接入处理。它负责完成 RNC 系统 STM-1 物理接口的 AAL2 和 AAL5 的终结，同时提供宽带信令 SSCOP、SSCF 子层的处理，但不处理用户面协议。而是在将 ATM 信元完成 AAL5 的 SAR 以及区分控制面和用户面数据后，将控制面数据转发到本板进行 CPU 处理，用户面数据则根据 IP 地址转发到 RUB 板进行处理。

（2）每个 APBE 单板提供 4 个 STM-1 接口，支持 622 M 交换容量。

11.4.4　DTB 单板

DTB 单板功能如下：

（1）提供 32×E1 物理接口。

（2）支持局间随路信令方式 CAS 和共路信令 CCS 通道透传。

（3）支持从线路提取 8 K 同步时钟，并通过电缆传送给时钟产生板 CLKG 作为时钟基准。

11.4.5　IMAB 单板

IMAB 单板功能如下：

（1）IMA/ATM 协议处理板 IMAB 应用于 RNC 的 Iub、Iur、Iu-CS、Iu-PS 接口，与数字中继板 DTB 一起提供支持 ATM 反向复用 IMA 的 E1 接入。

（2）实现 30 个 IMA 组的分组能力；1 个 IMA 组最大提供 64 路 E1 的 IMA 接入。

（3）实现线速的 ATMAAL2 和 AAL5 的分段与重组 SAR。

（4）实现 ATM 的 OAM 功能。

（5）完成 SSCOP 和 SSCF 的处理。

11.4.6　SDTB 单板

SDTB 单板功能如下：

（1）提供一个 155 M 的 STM-1 标准接口。

（2）支持随路信令方式 CAS 和共路信令 CCS。

（3）输出 2 个差分 8 K 同步时钟信号并提供给时钟板作为时钟基准。

11.4.7　UIMU 和 UIMC 单板

UIMU 和 UIMC 单板功能如下：

（1）UIMU 单板能够为资源框内部提供 16 K 电路交换功能，UIMC 不提供此功能。

（2）UIMU 单板提供两个 24+2 交换式 HUB。一个是控制面以太网 HUB，对内提供 20 个控制面 FE 接口与资源框内部单板互连，对外提供 4 个控制面 FE 接口用于资源框之间或资源框与 CHUB 之间互连。一个用户面以太网 HUB，对内提供 23 个 FE，用于资源框互连，对外提供一个 FE。

（3）UIMC 单板提供两个 24+2 交换式 HUB，配 GCS 子卡，将这两个 HUB 互连，为控制框提供以太网口。

（4）UIMU 单板对外通过选配 GXS/2 子卡提供 1 个用户面 GE 光口，用于资源框和核心交换单元互连，GE 通道采用主备双通道备份方式为核心交换单元提供 1+1 备份。

（5）UIMC 单板对内提供的一个用户面 GE 口，用于在控制框内与 CHUB 进行级联。

（6）热主备两块单板的对内 FE 端口和 8 MHz 在背板上采用高阻复用方式备份。

（7）UIMC 和 UIMU 单板分别提供控制框和资源框 RS-485 管理接口，同时提供控制框和资源框单板复位和复位信号采集功能。

（8）UIMC 和 UIMU 分别提供控制框和资源框内时钟驱动功能，输入 PP2S、8 K、16 M 信号，经过锁相、驱动后分发给各个槽位，为单板提供 16 M、8 K 和 PP2S 时钟。

11.4.8　CHUB 单板

CHUB 单板的控制面互连板 CHUB 在 RNC 系统中用于系统控制面数据流的扩展。各资源框引出 2 个百兆以太网（控制流）与 CHUB 相连，CHUB 通过千兆光口和本框 UIMC 相连。多框扩展可用多个 FETRUNK 方式实现，更多框的扩展用 GE 光口连到千兆以太网交换机来实现。

11.4.9　PSN 单板

PSN 采用硬件单板 PSN4V 实现。PSN 在 RNCV3.0 系统中位于交换框，可实现一级交换平台的核心交换功能。

（1）提供双向各 40 Gb/s 用户数据交换能力。

（2）支持 1+1 负荷分担，可以人工倒换，实现负荷分担功能。

（3）提供 1 个 100 M 以太网作为控制通道，连接 UIMC。

（4）提供 1 个 100 M 以太网作为主备通信，连接对板。

11.4.10　GLI 单板

GLI 单板采用硬件单板 GLIQV 实现。在 RNC 系统中，GLI 单板属于交换单元，实现 ZXTR RNC 系统的交换单元 GE 线接口功能，提供与资源板的连接。GLI 单板提供 4 个 GE 端口，每个 GE 的光口提供 1+1 备份。相邻 GLI 的 GE 口之间提供 GE 端口备份，如图11-19 所示。

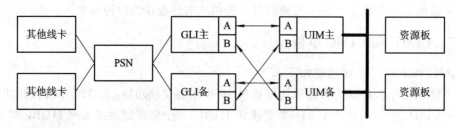

图 11-19　GLI 板

11.4.11　RUB 单板

RUB 单板采用硬件单板 VTCD 来实现，主要完成用户面协议处理。RUB 单板功能如下：

（1）CS 业务 FP、MAC、RLC、IuUP 协议栈的处理。

（2）PS 业务 FP、MAC、RLC、PDCP、IuUP 的处理。

（3）Uu 口来的信令数据处理。

11.4.12 RGUB 单板

GTP - U 处理板 RGUB 完成对于 PS 业务 GTP - U 协议的处理。RGUB 板提供以下功能：

(1) 实现 GTP - U 协议。

(2) 提供 1 条百兆控制流以太网接口。

(3) 提供 1 条百兆以太网数据备份通道。

(4) 提供 RS - 485 备份控制通道接口。

(5) 支持单板的 1+1 主备逻辑控制。

(6) 对外部网络提供 4 个百兆以太网接口。

(7) 提供 GTP - U 协议处理功能。

11.4.13 PWRD 单板

PWRD 属于外围设备监控单元，可实现对 ZXTR RNC 系统电源、风扇的温度等环境量的监控。PWRD 单板功能如下：

(1) 可以直接与被监控量的传感器、变送器连接，直接采用 - 48 V 电源供电。

(2) 与 ROMB 的通信链路为 RS - 485。

11.5 RNC 数据流程

11.5.1 用户面 CS 域数据流向

以上行方向为例，用户面 CS 域数据流向如图 11 - 20 所示，下行方向相反。

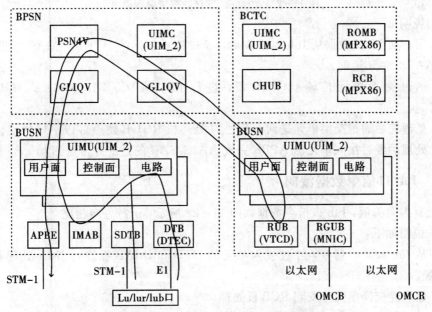

图 11 - 20 用户面 CS 域数据流向示意图

流向说明如下：

(1) 用户面 CS 域数据从 Iub 口进来后，经过接入单元的 DTB 和 IMAB 进行 AAL2

SAR 适配。

（2）通过交换单元传输到 RUB 板，进行 FP、MAC、RLC、IuUP 协议处理。

（3）通过交换单元传输到接入单元的 APBE 进行 AAL2 SAR 适配，送到 Iu 口。

11.5.2　用户面 PS 域数据流向

以上行方向为例，用户面 PS 域数据流向如图 11－21 所示，下行方向相反。

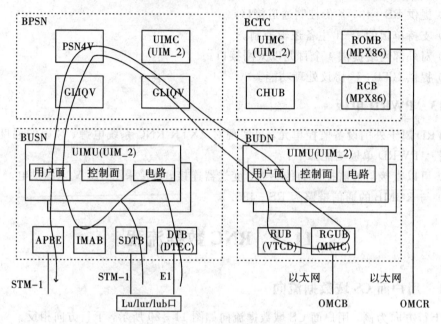

图 11－21　用户面 PS 域数据流向示意图

流向说明如下：

（1）用户面 PS 域数据从 Iub 口进来后，经过接入单元的 DTB 和 IMAB 中进行 IMA 处理和 AAL2 SAR 适配。

（2）通过交换单元传输到 RUB 板，进行 FP、MAC、RLC、PDCP、IuUP 协议处理。

（3）处理完后通过交换单元送到 GTP－U 处理板 RGUB 处理 GTP－U 协议。

（4）处理后经过接入单元的 APBE 完成 AAL5 SAR 的适配并传送到 Iu－PS 接口。

11.5.3　Iub 口信令数据流向

以上行方向为例，Iub 口信令数据如图 11－22 所示，下行方向相反。

流向说明如下：

（1）从 Iub 口来的信令，经过接入单元的 DTB 和 IMAB 板进行 IMA 处理和 AAL5 SAR 适配。

（2）然后经交换单元分发到 RCB 板处理。

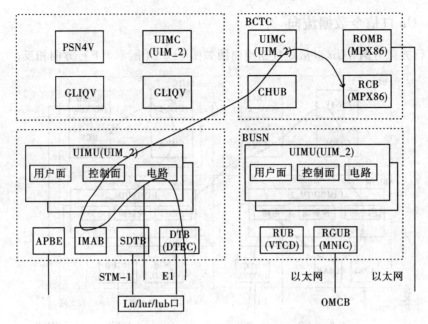

图 11-22　Iub 口信令数据流向示意图

11.5.4　Iur、Iu 口信令数据流向

以下行方向为例，Iur、Iu 口信令数据流向图如图 11-23 所示，上行方向相反。

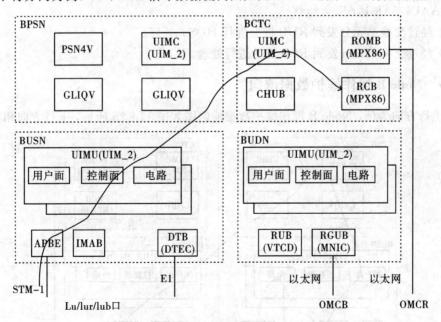

图 11-23　Iur/Iu 口信令数据流向示意图

流向说明如下：

（1）从 Iu、Iur 口来的信令，经过接入单元的 APBE 板进行 AAL5 SAR 适配，HOST 处理。

（2）经过交换单元分发到 RCB 板上进行处理。

11.5.5　Uu 口信令数据流向

以上行方向为例，Uu 口信令数据流向图如图 11 - 24 所示，下行方向相反。

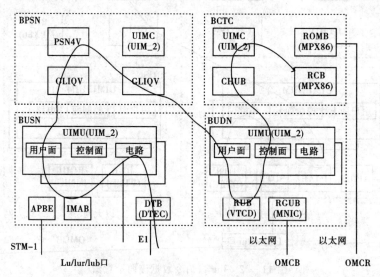

图 11 - 24　Uu 口信令数据流向示意图

流向说明如下：

（1）Uu 口信令承载在 Iub 口的用户面上，经过接入单元的 DTB 和 IMAB 板进行 IMA 处理和 AAL5 SAR 适配。

（2）经过交换单元分发到 RUB 板上进行 HOST 处理。

（3）经过交换单元分发到 RCB 板上进行处理。

11.5.6　Node B 操作维护数据流向

以上行方向为例，Node B 操作维护数据流向图如图 11 - 25 所示，下行方向相反。

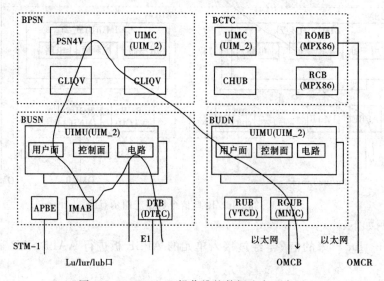

图 11 - 25　Node B 操作维护数据流向示意图

流向说明如下：

（1）从 Iub 来的 Node B 操作维护数据，经过接入单元的 DTB 和 IMAB 进行 IMA 处理以及 AAL5 SAR 适配。

（2）经过交换单元送至 RGUB，完成与 OMC - B 之间的连接。

第 12 章　TD – SCDMA Node B 系统结构

12.1　TD – SCDMA Node B 系统

　　TD – SCDMA 的基站 Node B 的主要功能是进行空中接口的物理层处理,包括信道编码和交织、速率匹配、扩频、联合检测、智能天线、上行同步等,也执行一些基本的无线资源管理,例如功率控制等。

　　在 Iub 接口方向,Node B 支持 AAL5/AAL2 适配功能、ATM 交换功能、流量控制和拥塞管理、ATM 层 OAM(Operationand Maintenance)功能。Node B 无线应用协议功能包括小区管理、传输信道管理、复位、资源闭塞/解闭、资源状态指示、资源核对、专用无线链路管理(建立、重配置、释放、监测、增加)、专用和公共信道测量等。此外,它也完成传输资源管理和控制功能,实现传输链路的建立、释放和传输资源的管理,并实现对 AAL5 信令的承载功能。

　　在操作维护方面,Node B 支持本地和远程操作维护功能,实现特定的操作维护功能,包括配置管理、性能管理、故障和告警管理、安全管理等功能。从数据管理角度,它主要实现 Node B 无线数据、地面数据和设备本身数据的管理、维护等功能。

12.1.1　BBU＋RRU 系统

　　Node B 分为基带单元 BBU(Base Band Unit)和远端射频单元 RRU(Remote RadioUnit),BBU 和 RRU 之间的接口为光接口,两者之间通过光纤传输 IQ 数据和 OAM 信令数据。

　　BBU 和 RRU 划分方式如图 12 – 1 所示。基带、传输和控制部分在 BBU 中,射频部分在 RRU 中。

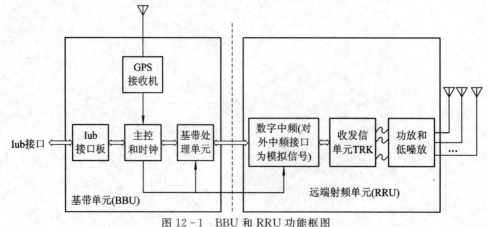

图 12 – 1　BBU 和 RRU 功能框图

BBU 在 TD - SCDMA 系统网络结构中的位置如图 12 - 2 所示,与 RRU 采用分散安装方式,替代传统 Node B 宏基站,连接 RNC 组成 UTRAN 系统。

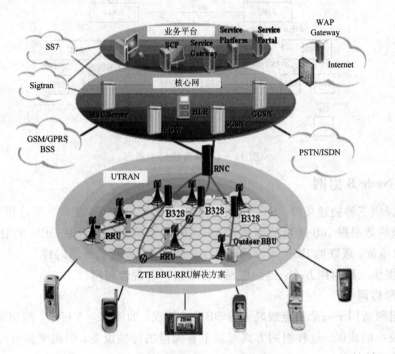

图 12 - 2　TD - SCDMA 系统网络结构图

BBU+RRU 系统的具体情况:

(1) BBU 和 RRU 之间传输的是基带数据。中频和射频功放部分都放在室外 RRU 部分处理。

(2) BBU 和 RRU 通过光纤传输(1.25 Gb/s 光纤承载 24 个 A×C 的数据),工程施工大大简化。

(3) 基带池的概念:Node B 的容量增加了,ZXTR B328 满配支持 72 单频点小区的配置。

BBU+RRU 的优势是:摆脱配套设施限制,建网快速灵活,降低建网和运维费用。BBU+RRU 的结构如图 12 - 3 所示。其中,基带拉远示意图如图 12 - 4 所示。

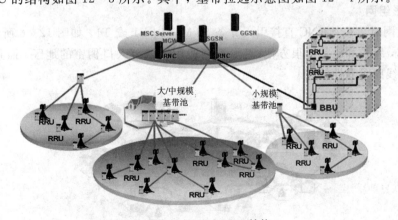

图 12 - 3　BBU+RRU 结构

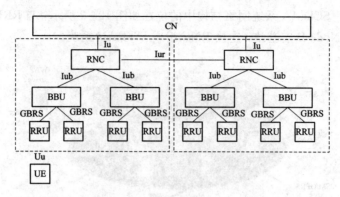

图 12-4　基带拉远示意图

12.1.2　Node B 组网

BBU 提供三种物理接口：STM-1 光接口、E1 接口和 T1 接口，都可用于 BBU 之间的级联。级联数根据 Iub 接口的容量和 BBU 的容量确定，即级联 BBU 的总容量应小于 Iub 接口的容量。级联的 BBU 可以同步于上一级 BBU 发送的线路时钟。

BBU 提供三种组网方式：链形组网、星形组网和混合组网。

1. 链形组网

链形组网适用于一个站点级联多台 BBU 的情况，如图 12-5 所示，例如呈带状分布且用户密度较小的地区。这种组网方式可以节省大量的传输设备，但由于信号经过的环节较多，线路可靠性较差。

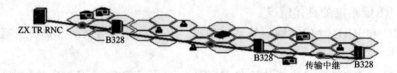

图 12-5　链形组网示意图

实际工程组网时，由于站点的分散性，因此与基本组网方式不同的是在 RNC 和 BBU 之间常常要采用传输设备作为中间连接。

链形组网常用的传输方式有微波传输、光缆传输、XDSL 电缆传输和同轴电缆传输等。

2. 星形组网

星形组网时，每个 RNC 直接引入 n 条 STM-1、E1 或 T1，如图 12-6 所示。由于组网方式简单，维护和施工都很方便，星形组网适用在城市人口稠密的地区，而且信号经过的环节少，线路可靠性较高。

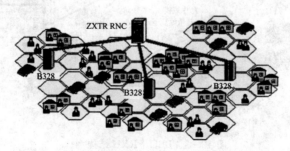

图 12-6　星形组网示意图

3. 混合组网

支持多种拓扑结构的混合组网(如图 12-7 所示)有以下好处:

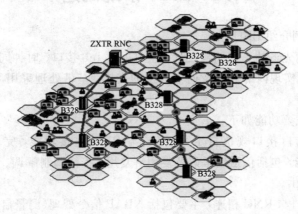

图 12-7　混合组网示意图

(1) 便于与运营商现存的传输网络进行适配,从而使运营商在建网初期可充分利用现存的传输网络,节省建网成本、加快建网速度。

(2) 便于在地形复杂的地方建网。由于 BBU 设备分布很广,也比较分散,并且可能分布在地形复杂地带,因而其支持多种拓扑结构的混合组网,建网比较灵活,减少了复杂性。

(3) 便于构造丰富的传输路由,增强网络的鲁棒(Robust)性。

BBU+RRU 光纤连接示意图如图 12-8 所示。

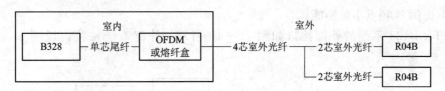

图 12-8　BBU+RRU 光纤连接示意图

图 12-9 是 BBU+RRU 的典型工程实施图,其中 BBU 使用的是 B328 设备,RRU 使用的是 R04 设备。

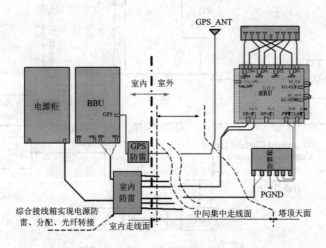

图 12-9　B328+R04 的典型工程实施图

12.2　B328 系统概述

下面以 B328 为例介绍 BBU 系统。

ZXTR B328 采用先进的工艺结构设计，主要提供 Iub 接口、时钟同步、基带处理、与 RRU 的接口等功能，实现内部业务及通信数据的交换。基带处理采用 DSP 技术，不含有中频、射频处理功能。

ZXTR B328 的主要功能如下：

（1）通过光纤接口（接口规范自定义）完成与 RRU 连接功能，完成对 RRU 控制和 RRU 数据的处理功能，包括信道编解码及复用解复用、扩频调制解调、测量及上报、功率控制以及同步时钟提供。

（2）通过 Iub 接口与 RNC 相连，主要包括 NBAP 信令处理（测量启动及上报、系统信息广播、小区管理、公共信道管理、无线链路管理、审计、资源状态上报、闭塞解闭）、FP 帧数据处理、ATM 传输管理。

（3）通过后台网管（OMCB/LMT）提供配置管理、告警管理、性能管理、版本管理、前后台通信管理、诊断管理等操作维护功能。

（4）提供集中、统一的环境监控，支持透明通道传输。

（5）支持所有单板、模块带电插拔；支持远程维护、检测、故障恢复及远程软件下载。

（6）提供 N 频点小区功能。

ZXTR B328 系统的外部接口如图 12-10 所示，外部系统及接口说明如表 12-1 所示。

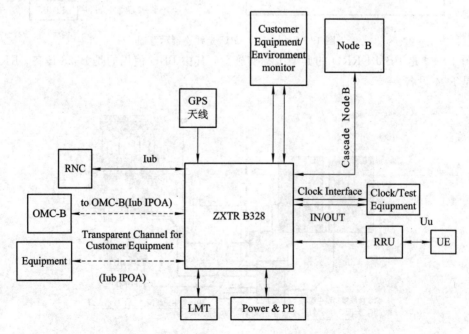

图 12-10　ZXTR B328 系统外部接口

表 12 - 1 外部系统及接口说明

外部系统	外部系统功能概述	相关接口说明
RNC	主要完成无线资源管理和控制、移动性管理、连接控制和管理等功能。RNC 配置有 RNC 操作维护设备,完成 RNC 参数配置	Iub 接口是一个开放的标准接口,物理连接支持光纤和 E1 接口。光纤接口的速率为 155 Mb/s,最多为 4 对光纤;E1 的数量最多为 16 个
OMC - B	Node B 操作维护	通过 Iub 口的 IPOA 通道进行远程操作维护
RRU	通过光纤完成射频拉远的功能。逻辑上是本 Node B 的一部分	光纤接口
Environment monitor	完成干节点的输入/输出	环境监控接口
GPS 天线	提供 GPS 信号的输入	物理接口:同轴电缆
LMT	本地操作维护	物理接口:以太网口
Customer Equipment	完成透明通道的功能,帮助外部设备完成传输组网的功能	外部设备接口
Clock/Test Eqiupment	完成系统时钟的输入/输出(BITS 和测试时钟)	时钟输入/输出接口
Power	完成系统供电	电源接口
PE(protective earthing)	完成系统接地保护	保护地接口
UE	UE 设备属于用户终端设备,实现和 RNS 系统的无线接口 Uu,实现话音和数据业务的传输	Uu 接口

12.2.1 B328 移动性管理

实现 RNC 移动性管理的执行功能,包括接力切换、小区更新、URA 更新等。

12.2.2 B328 无线资源管理

(1)小区配置管理功能:小区建立、小区重配、小区删除等流程。

(2)公共传输信道管理功能:公共信道建立、公共信道重配、公共信道删除等流程。

（3）系统消息管理：系统消息的调度和广播。

（4）资源事件管理：及时向 CRNC 上报 Node B 的资源状态信息，包括资源状态指示、闭塞、解闭塞等。

（5）配置校准管理：保证 CRNC 与 Node B 之间的无线资源配置信息保持一致，包括校准、CRNC 复位、Node B 复位流程。

（6）无线链路管理：包括无线链路的建立、无线链路的增加、无线链路的删除、同步无线链路重配、异步无线链路重配、无线链路强拆等。

（7）无线链路的检测：包括无线链路失步、无线链路恢复。

（8）物理共享信道管理：包括上（下）行物理共享信道的增加、修改、删除。

（9）信道管理：Node B 完成对小区、物理信道的操作与维护。

- 支持的传输信道类型包括：

DCH：专用信道。

BCH：广播信道。

PCH：寻呼信道。

RACH：随机接入信道。

FACH：前向接入信道。

USCH：上行共享信道。

DSCH：下行共享信道。

- 支持的物理信道类型包括：

DPCH：专用物理信道。

P - CCPCH：基本公共控制物理信道。

S - CCPCH：辅助公共控制物理信道。

PICH：寻呼指示信道。

PRACH：物理随机接入信道。

PUSCH：物理上行共享信道。

PDSCH：物理下行共享信道。

DwPCH：下行导频信道。

UpPCH：上行导频信道。

FPACH：快速物理接入信道。

（10）下行功率时隙校正：用于 Node B 对每个时隙进行功率补偿。

（11）错误处理：报告消息交互过程中出现的错误情况。

（12）信息交互：通过该流程，CRNC 与 Node B 之间进行信息交互，Node B 报告所请求的信息、Node B 操作的维护和统一的网管。

（13）Node B 逻辑操作维护：

- 无线网络性能测量：Node B 通知 CRNC 它的资源状态。

- 无线网络配置调配：CRNC 和 Node B 保证两个节点在无线资源的配置方面具有相同的信息。

（14）测量管理：由 CRNC 发起在 Node B 的资源测量。Node B 根据要求上报测量结果，其中包括公共测量和专用测量。

（15）功率控制：Node B 具有上行内环、外环、开环功率控制的功能。

（16）支持 Iub 口的 FP 帧处理：TB 块的传送、传输信道同步、节点同步、下行方向传输信道到物理信道的复用、上行方向物理信道到传输信道的解复用、无线接口参数的传递。

（17）支持 Iub 口传输层功能，包括：

① ALCAP：主要支持用户数据承载的建立、释放和传输资源的管理。ALCAP 协议由 AAL2 信令协议实现。

② SPS/ALCAP 的信令承载功能：主要支持对 ALCAP 协议和高层无线应用协议的信令承载功能。信令承载通过 ATM/AAL5/SSCOP/SSCF-UNI 实现。

③ 用户数据承载功能（AAL2）：主要承载 Iub 接口的用户数据流，通过 ATM/AAL2 实现对用户数据的承载功能。

12.2.3　B328 物理层功能

传输信道前向纠错（FEC）编码和解码，支持三种编码方式：Convolutional coding、Turbo coding、No coding。

B328 物理层功能包括：

（1）切换测量和接力切换的执行。

（2）传输信道的复接和分接以及传输信道中码的组成。

（3）传输信道和物理信道的映射。

（4）物理信道的调制扩频和解调解扩。

（5）定时（码片、比特、时隙、子帧）同步，包括上行同步。

（6）功率控制。

（7）随机接入过程。

（8）动态信道分配（DCA）。

（9）物理信道的功率加权和合并。

（10）射频控制。

（11）传输信道的差错检测（CRC），速率匹配（数据复接至 DCH）。

（12）无线特性测试，包括 FER、SIR、DOA、TA 等。

（13）上下行波束赋形（智能天线）。

（14）用户定位（智能天线）。

（15）上行联合检测（智能天线）。

12.3　B328 硬件系统结构

12.3.1　机架配置

标准全配置的机架布局如图 12-11 所示。

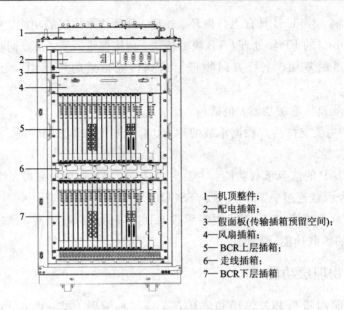

1—机顶整件；
2—配电插箱；
3—假面板(传输插箱预留空间)；
4—风扇插箱；
5—BCR 上层插箱；
6—走线插箱；
7—BCR 下层插箱

图 12-11　标准全配置的机架布局

12.3.2　机顶布置

机柜顶部布局如图 12-12 所示。

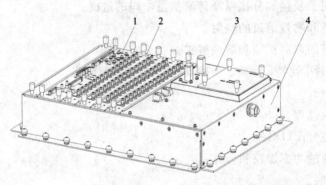

1—BEMU模块；2— ET模块；3—电源盒；4—机顶整件

图 12-12　机柜顶部布局

12.3.3　机框

机框的作用是将插入机框的各种单板通过背板组合成一个独立的功能单元，并为各单元提供良好的运行环境。

ZXTR B328 有两层机框，都称为 BCR 机框。

BCR 机框主要由单板和插箱组成，如图 12-13 所示。

BCR 机框采用 BCR 背板，主要完成基带处理、系统管理控制功能。根据其在机柜中的物理位置，BCR 机框分为上层 BCR 机框和下层 BCR 机框。在实际使用中，先配置上层 BCR 框，然后根据需要配置下层 BCR 框。

BCR 机框可装配的单板见表 12-2 所示。

表 12 - 2　公共层机框单板配置

名　　称	单板代号	满配置数量
控制时钟交换板	BCCS	2
基带处理板	TBPA	12
Iub 接口板	IIA	2
光接口板	TORN	2

各单板在 BCR 机框的位置示意图如图 12 - 14 所示。

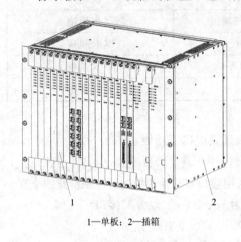

1—单板；2—插箱

图 12 - 13　机框结构

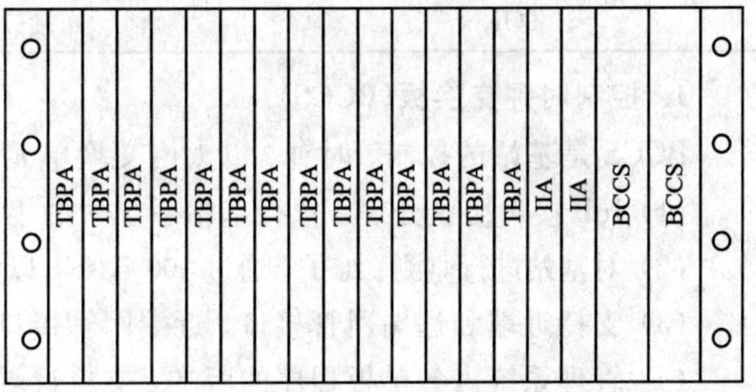

图 12 - 14　BCR 机框可装配的单板示意图

BCR 机框满配置时如图 12 - 15 所示。BCR 机框满配情况下可配置两块 BCCS、12 块 TBPA、两块 IIA 和两块 TORN。BCCS 板是主备板，只插一块也能正常工作。每一层框一般配置一块 BCCS，可根据需要配置两块 BCCS，完成 1+1 备份功能。TBPA、TORN、IIA 根据配置计算单板数量。在配置容量较小时，应配备假面板和假背板，以保持风道的完整性。

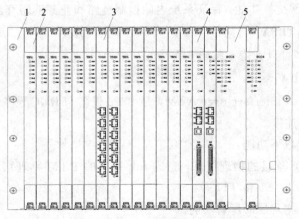

1—BCR插箱；2—TBPA；3—TORN；4—IIA；5—BCCS

图 12 - 15　BCR 机框满配置图

12.3.4　单板

表 12 - 3 所示为 ZXTR B328 单板英文简称与名称对照表。

表 12 - 3　单板英文简称与名称对照表

英 文 简 称		单 板 名 称	物 理 位 置
BCCS		控制时钟交换板	BCR 机框
BELD		环境监控灯板	配电插箱
BEMU	BEMC	环境监控板	机顶
	BEMS	环境监控辅助板	机顶
ET		E1 转接板	机顶
FCC		离心型风扇控制板	风扇插箱
IIA		Iub 接口板	BCR 机框
TBPA		基带处理板	BCR 机框
TORN		光接口板	BCR 机框

1. 控制时钟交换板（BCCS）

BCCS 是基站的控制、时钟、以太网交换单元，可完成以下功能：

（1）Iub 接口协议处理，执行基站系统中的小区资源管理、参数配置、测量上报。

（2）对基站进行监测、维护，通过 100 BaseT 以太网接口和其他单板进行控制信息的交互。

（3）支持近端和远端网管接口，近端网管接口为 100 BaseT 以太网接口。

（4）管理系统内各单板程序的版本，支持近端和远端版本升级。

（5）通过控制链路可以复位系统内各个单板。

（6）通过硬信号可以控制系统内主要单板的上电复位。

（7）具有主备竞争、控制、通信功能。

（8）同步外部各种参考时钟并能滤除抖动。

（9）产生并分发系统各个部分需要的时钟。

（10）提供以太网交换功能，保证系统内的控制链路和业务链路有足够带宽。

2. 基带处理板（TBPA）

基带处理板最多可以支持 3 载波 8 天线的基带处理。

3. Iub 接口板（IIA）

IIA 的全称是 Iub Interface over ATM，是 B328 设备与 RNC 设备连接的数字接口板，实现与 RNC 的物理连接。

IIA 板主要完成以下功能：

（1）提供与 RNC 连接的物理接口，完成 Iub 接口的 ATM 物理层处理。IIA 提供了 3 种标准接口：STM - 1、E1 和 T1。

（2）处理 ATM 物理层的所有功能。

（3）完成 ATM 的 ATM 物理层处理和适配层处理。

（4）实现 Iub 接口信令数据与用户数据的收发。

（5）时钟提取功能，即从 STM - 1 或者 E1/T1 上提取 8 kHz 送给时钟板作为时钟参考。

（6）AAL5/AAL2 适配功能。

（7）ATM 交换功能。

4. 光接口板(TORN)

TORN 是 BBU 和 RRU 间的接口板,实现 BBU 和 RRU 的信息交互,及 BBU 和 RRU 之间的星形、链形、环形组网。

TORN 主要完成以下功能:

(1) 提供 6 路 1.25 G 光接口连接 RRU 单元,支持星形、链形、环形组网。

(2) 支持 IQ 的交换。

(3) 支持 BCCS 直接控制的本板电源开关功能。

(4) 接收来自 BCCS 的系统时钟并产生本板需要的各种工作时钟。

(5) 提供上下行 IQ 链路的复用和解复用处理。

(6) 最多支持 12 块基带板的接入。

5. 离心型风扇控制板(FCC)

离心型风扇控制板(FAN Control Centrifugal Board)为机架风扇的控制板,它用于离心风扇控制和混流风扇的控制,完成风扇电源提供、转速控制、转速检测及风口温度检测等功能。

FCC 的功能主要包括:

(1) 通过 BEMU 控制和测量风扇转速。

(2) 通过 BEMU 测量风扇风口温度。

6. 环境监控灯板(BELD)

BELD 的全称是 Node B Environment LED Display,实现对系统环境量和－48 V 电源的灯光指示告警功能。

BELD 作为 ZXTR B328 的电源和告警指示灯板,竖插在配电插箱中,通过 8 芯电缆和 BEMU 连接。

7. E1 转接板(ET)

ET(E1 Transit Board)是 E1 转接板。ET 板将 IIA 前面板输出的 8 路 E1 信号双绞线方式转换为 75 Ω 非平衡电缆接头方式,并且对线路口做过流、过压和钳位保护。

8. BEMU

BEMU 位于机顶,竖插在配电插箱中,用于接入系统内部和外部的告警信息(包括环境监控、传输、电源、风扇等),为 BCCS 板提供管理通道,并为 BCCS 提供 GPS、BITS 基准时钟,对外提供测试时钟接口等功能。

BEMU 模块由环境监控板(BEMC)和环境监控辅助板(BEMS)组成。

BEMC 板和 BEMS 板叠放位置如图 12 - 16 所示。

BEMC 可实现以下功能:

(1) 提供和外部环境监控设备的接口。通过干结点接入形式(16 路输入),或串口通信形式(RS232、RS422 信号各 1 路,但接入外部设备时只选择其中 1 种通信方式)。同时具有干结点输出(8 路输出),对外有一定的控制功能。

(2) 提供外部或内部传输设备

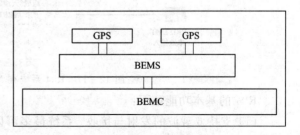

图 12 - 16　BEMC 板和 BEMS 板叠放示意图

(SDH)的网管信息接入。采用 1 路 10 M 以太网接口，在 BEMC 有两个 DB9 的网口头(单板上、下部各一个)，两个网口直连，用来接入从不同方向(机顶外部或下层机框)来的 SDH 设备，但同时只接一路。

(3) 提供外部电源设备的网管信息接入。提供 1 个 RS232 的接口，BEMC 将串口数据接收后，通过网口将数据转发给 BCCS。

(4) 提供与风扇控制板 FC 的接口信号，采用 TTL 电平接口，并提供 3.3 V 电源。

(5) 提供一路和 BCCS 的通信链路，采用 100 M 以太网，用来上报告警信息以及接入管理信息。与 BCCS 接口的接插件在 BEMS 单板上。

(6) 接入电源插箱送入的−48 V 电源，转换出本板所需的电源。

(7) 提供防雷告警信号的接入。

(8) 提供与 BELD 板的接口。

BEMS 可实现以下功能：

(1) 为本系统时钟单元(主、备 BCCS 板)各提供 1 套 BITS 基准时钟(从外部接入 2 Mb 和 2 MHz 基准时钟各一路，由 CPU 选择其中一路作为基准时钟送给 BCCS)。

(2) GPS 接收机以子卡的形式放在 BEMU 内，对 GPS 信号进行转接，为主备 BCCS 各提供一路 GPS 基准时钟(1 pps，LVDS 传输)和一路 GPS 子卡的通信通道(采用 RS422 接口)。

(3) 提供到机架外部的时钟测试口(10 MHz、8 kHz、200 Hz 各一路)。

(4) 提供 DBG 测试以太网接口，共两路。

12.4　R04 硬件系统结构

下面以 R04 为例介绍 RRU 系统。

12.4.1　R04 功能

R04 是 Node B 系统中的射频拉远单元，在 Node B 系统中的位置如图 12 - 17 所示。

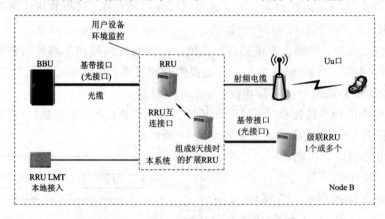

图 12 - 17　R04 系统在 Node B 中的位置

R04 的基本功能如下：

(1) 支持 6 载波的发射与接收。系统最多可以支持 6 载波的发射和接收，大大提高了系统的容量。

(2) 支持 4 天线的发射与接收。每个 ZXTR R04 支持 4 个发射通道和接收通道，从而支持 4 天线的发射和接收。

（3）支持两个 RRU 并组成一个 8 天线扇区。两个 RRU 共 8 个收发通道，可以共同组成一个 8 天线的扇区。

（4）支持 RRU 级联功能。RRU 提供上联光接口和下联光接口，能够使得 RRU 级联组网。

（5）通道校准功能。通过对发射通道和接收通道分别进行校准，使各个发射通道间达到幅相一致的要求，各个接收通道也达到幅相一致的要求。

（6）支持上、下行时隙转换点配置功能。支持 BBU 对上、下行时隙切换点的配置，支持的时隙切换点配置主要包括：

- 时隙切换点在 TS3 和 TS4 之间。
- 时隙切换点在 TS2 和 TS3 之间。
- 时隙切换点在 TS1 和 TS2 之间。

（7）支持到 BBU 的光纤时延测量和补偿。

（8）发射载波功率测量。支持各发射载波、天线 DwPTS 时隙周期性功率测量。各载波、各发射通道要分别测量，参考点为天线连接处。

（9）操作维护功能。操作维护主要包括故障管理、性能管理、安全管理和版本管理。

- 故障管理功能：系统提供远程告警上报、远程告警查询功能，同时提供本地告警查询功能。
- 性能管理功能：主要包括 CPU 利用率远程查询、内存使用率查询、光接口通信链路性能统计查询、主备通信链路统计查询。
- 安全管理功能：系统对并发访问进行控制，当多用户并发操作时，保证系统安全。
- 版本管理功能：主要包括远程版本下载、远程版本信息查询、本地版本下载、本地版本查询以及 Boot 版本本地下载以及硬件版本信息查询等。多种版本管理功能在实际的组网应用中提供了多种选择性，方便用户工作。

（10）电源管理功能。该功能主要包括本地射频通道电源管理，系统可以通过命令打开或者关闭本地射频通道电源、远程射频通道电源管理以及断电告警。

（11）透明通道功能。系统提供一条到远程操作维护终端的透明通道，方便用户操作。

与 R04 相关的外部系统及接口说明见表 12-4 所示。

表 12-4　外部系统说明

外部系统	功能说明	接口说明
BBU	基带资源池，实现 GPS 同步、主控、基带处理等功能	光纤接口
UE	UE 设备属于用户终端设备，实现和 RNS 系统的无线接口 Uu，实现话音和数据业务的传输	Uu 接口
扩展 RRU	R04 是 4 天线的 RRU 系统，组成 8 天线时需要扩展 RRU	控制接口和时钟接口
级联 RRU	实现 1 个或多个 RRU 级联	光纤接口
外部监控等设备	用户监控设备	干节点
RRU LMT	对 RRU 进行操作和维护，在 RRU 本地接入	以太网口

12.4.2　单板结构

R04 整机外形如图 12 - 18 所示。

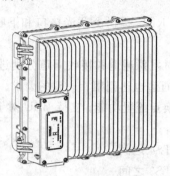

图 12 - 18　R04 整机外形

机箱内部单板布局如图 12 - 19 所示。

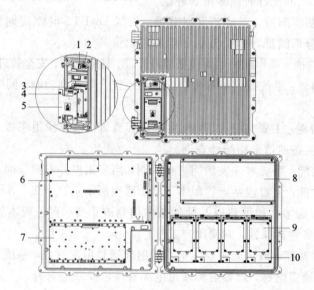

1、2—指示灯；3—RSP；4—RPP；5—绝缘盖板；6—RIIC；
7—RTRB；8—RPWM；9—RFIL；10—RLPB

图 12 - 19　机箱内部单板布局

机箱内部单板说明如表 12 - 5 所示。

表 12 - 5　单 板 说 明

单板名称	说　　明
RIIC	RRU 接口中频控制板
RTRB	RRU 收发信板
RLPB	RRU 低噪放功放子系统
RFIL	RRU 腔体滤波器子系统
RPWM	RRU 电源子系统
RPP	RRU 电源防护板
RSP	RRU 信号防护板

R04 外部接口如图 12-20 所示。

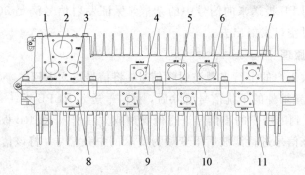

1—MS_COM；2—PWR；3—EAM；4—MS_CLK；5—OP-B；6—OPR；
7—ANT_CAL；8—ANT1；9—ANT2；10—ANT3；11—ANT4

图 12-20　R04 外部接口

12.5　R04 工作原理

12.5.1　总体框图

R04 作为 Node B 系统的室外拉远单元，其核心功能就是完成多载波多通道的上行和下行的基带 IQ 信号和天线射频信号之间的转换，为整个 Node B 系统提供收发信通道。

该收发信通道主要包括 RIIC、RTRB、RLPB、RFIL 等 4 个部分，如图 12-21 所示。

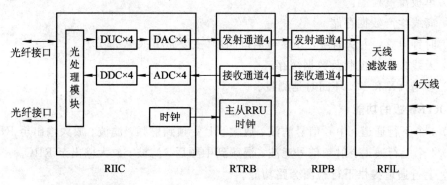

图 12-21　R04 收发信通道

1. 发射通道基本原理

（1）RIIC 的数字中频部分接收光处理模块送来的多载波多通道的下行发射基带 IQ 数据，通过 FPGA 完成多载波和多通道的解复用，可将各个载波和通道的信号分别送给 DUC 部分，完成下行 IQ 信号的成形滤波；同时，将每个通道的多个载波的基带信号进行不同的数字上变频后合路为多载波信号。然后将该多载波信号调制到要求的数字中频后，通过数模转换（DAC）变换为模拟中频信号送入 RTRB 板。

（2）RTRB 板对接收到的模拟中频信号进行滤波放大后调制到射频信号，以合适的增益放大，在滤除杂散后送入 RLPB 板。

（3）RLPB 板将接收到的射频信号进行线性放大后，再通过环行器送入 RFIL 子系统。

(4) RFIL 滤除 RLPB 板送来的信号中的杂散，保证发射信号满足 3GPP 要求的杂散指标后，送给天线通过空口发射出去。

2. 接收通道基本原理

(1) 每个天线接收用户的上行多载波射频信号，将信号送入 RFIL。

(2) RFIL 对工作频带外的干扰信号滤除后，将信号送入 RLPB 板。

(3) RLPB 将接收到的用户的小信号进行低噪声放大后送入 RTRB 板。

(4) RTRB 板对该信号进行滤波后下变频为要求的中频信号，将该信号进行滤波放大后送入 RIIC 板。

(5) RIIC 完成模拟中频信号的 ADC 转换，将得到的多载波数字信号进行数字下变频后分离为多个载波的信号，然后成型滤波，将采样为基带要求的数据格式送入 FPGA，FPGA 将得到的多个通道和多个载波的基带 IQ 信号复用后送给光模块。

12.5.2　单板功能

1. RIIC 板的功能

(1) 光接口，IQ 交换功能。

(2) 数字中频下行 4 路发射功能，数字中频上行 4 路接收功能。

(3) 控制单元(CPU 小系统)。

(4) 射频单元控制，包括对 RTRB、RLPB 的控制。

(5) 单板温度检测。

(6) 离线生产数据存储。

(7) 时钟电路，主从同步，并参与空口同步(主要是 FPGA 部分)。

(8) 天线校准的控制及数据缓存。

(9) 参与 TX 和 RX 环回时延测量。

2. RTRB 板的功能

(1) 4 个下行通道：中频信号滤波、放大、上变频到射频，滤波、放大输出至 RLPB。

(2) 4 个上行通道：射频信号滤波、混频到中频后，滤波、放大输出至 RIIC。

(3) 上行通道提供下行检测旁路功能。

(4) 实现校准信号的发射和接收。

(5) 射频本振信号的产生以及主从本振和时钟的复用输出。

(6) 上、下行通道的收发模式切换功能。

(7) 4 个收发通道共本振。

(8) 主从本振和时钟互连的残余雷击防护功能。

(9) 板位识别，版本以及部分离线参数的存储功能。

(10) 通道的电源管理功能。

(11) 校准输出端口的残余雷击防护功能。

3. RLPB 板的功能

(1) 下行信号的线性功率放大。

（2）上行通道的信号低噪声放大。

（3）TDD 双工功能。

（4）发射信号采集，并通过上行通道传输功能。

（5）RLPB 电源管理和控制功能。

（6）RLPB 子系统内部温度检测功能。

（7）RLPB 的板位识别功能。

4. RFIL 板的功能

RFIL 板对整个 RRU 的发射杂散和带外阻塞指标非常关键，主要完成对下行发射杂散和上行干扰的抑制，还具备防雷功能，能够吸收天线残余雷击，防止对系统的损坏。

5. RSP 板的功能

RSP 板实现主从通信的 RS485 信号的防雷，以及外部环境监控的干节点防雷。RS485 采用一级防雷，干节点采用两级防雷。

6. RPP 板的功能

RPP 板实现直流－48 V 的 D 级雷击浪涌防护，同时实现一级 EMI 滤波。另外，RSP 作为整机的等电位连接排，所有的浪涌电流都从 RPP 泄放到大地。RPP 通过等电位连接线连接到基站外壳。

7. RPWM 板的功能

RPWM 板完成电源转换功能，将输入的－48 V 电源转换为各单板需要的各种直流电源。

12.5.3　R04 和 BBU 及 RRU 通信

R04 和 BBU 通信时，物理层通过光纤链路上分配的信令通道传送数据，数据链路层采用 IP/PPP/HDLC 协议栈。

当两个 RRU 组成一个扇区时，两个 RRU 之间的通信采用串口通信，物理层为 485 标准，两者之间的通信采用半双工的方式，其中一个 RRU 为主控。

参 考 文 献

[1]　3GPP Technical Specification 25.401，UTRAN Overall Description.

[2]　3GPP Technical Specification 25.410，UTRANIu Inteface：General Aspects and Principles.

[3]　3GPP Technical Specification 25.244，Physical layer procedures(TDD).

[4]　拉帕波特. 无线通信原理与应用. 2 版. 北京：电子工业出版社，2009.

[5]　张传福，彭灿，刘丑中. 第三代移动通信技术及其演进. 北京：人民邮电出版社，2008.

[6]　刘宝玲，付长东，张轶凡. 3G 移动通信系统概述. 北京：人民邮电出版社，2008.

[7]　查光明. 扩频通信. 西安：西安电子科技大学出版社，2009.

[8]　杨大成. CDMA2000 1X 移动通信系统. 北京：机械工业出版社，2008.

[9]　张传福，卢辉斌. 第三代移动通信-WCDMA 技术、应用及演进. 北京：电子工业出版社，2010.

[10]　窦中兆，雷湘. WCDMA 系统原理与无线网络优化. 北京：清华大学出版社，2009.

[11]　张平，王卫东，陶小峰，王莹. WCDMA 移动通信系统. 2 版. 北京：人民邮电出版社，2004.

[12]　樊凯，刘乃安，王田甜，等. TD-SCDMA 移动通信系统及仿真实验. 西安：西安电子科技大学出版社，2013.

[13]　中兴通讯 NC 教育管理中心，TD-SCDMA 移动通信技术，2008.

[14]　杨丰瑞，文凯，李校林. TD-SCDMA 移动通信系统工程与应用. 北京：人民邮电出版社，2009.

[15]　彭木根. TD-SCDMA 移动通信系统. 2 版. 北京：机械工业出版社，2007.

[16]　中兴通讯 NC 教育管理中心. TD-SCDMA 移动通信技术原理与应用——原理/设备/仿真实践. 北京：人民邮电出版社，2010.